药用植物组织培养
快速繁育技术

李 翠　李林轩　张占江

上海科学技术出版社

图书在版编目（CIP）数据

药用植物组织培养快速繁育技术 / 李翠，李林轩，张占江主编. -- 上海：上海科学技术出版社，2025.6.
ISBN 978-7-5478-7151-5
Ⅰ．S567
中国国家版本馆CIP数据核字第2025FE8457号

本书出版得到以下课题资助：
广西科技重大专项"肉桂等广西特色药材高质量生产关键技术及系列产品开发研究"（桂科 AA22362）
广西重点研发计划"壮瑶药岩黄连种质评价、筛选及其药材品质提升研究"（桂科 AB23026092）、"广西冷背药材高值化利用关键技术研究与应用示范"（桂科 AB24010004）
广西中医药管理局项目"区域特色药材品种关键技术研究推广"（GXZYYZZ-202201）

药用植物组织培养快速繁育技术
主编 李 翠 李林轩 张占江

上海世纪出版（集团）有限公司 出版、发行
上海科学技术出版社
（上海市闵行区号景路 159 弄 A 座 9F-10F）
邮政编码 201101　www.sstp.cn
上海普顺印刷包装有限公司印刷
开本 787×1092　1/16　印张 13.25
字数：300 千字
2025 年 6 月第 1 版　2025 年 6 月第 1 次印刷
ISBN 978-7-5478-7151-5/Q·93
定价：188.00 元

本书如有缺页、错装或坏损等严重质量问题，请向工厂联系调换

内容提要

药用植物组织培养快速繁育技术是一种利用植物组织培养原理,通过无菌操作,在人工控制的环境条件下,对药用植物的部分组织或细胞进行培养,以快速获得大量遗传性状一致植株的现代生物技术。本书介绍了八角莲、龙骨风、铁皮石斛等 71 种珍稀及常见药用植物组织培养技术的应用研究,以期对药用植物组织培养技术的发展以及药用植物资源的保护与可持续利用起到一定的推动作用。

本书可供从事药用植物及中药资源学研究人员、药用植物繁育相关专业师生及中医药爱好者使用。

编委会

编写单位

广西壮族自治区中医药管理局
广西壮族自治区药用植物园

专家指导委员会

主　　任　黎甲文
副 主 任　潘　霜　孙　昱
成　　员　黄鲁飞　谷筱玉　朱俊雄　周晓露　杨艳光

编写委员会

主　　编　李　翠　李林轩　张占江
副 主 编　李　刚　彭玉德　雷　明　韦　莹　潘丽梅
编　　委（按姓氏笔画排序）
　　　　　王晓峰　韦　莹　刘　寒　李　刚　李　倩　李　翠
　　　　　李林轩　余海霞　张占江　陈晓英　欧夏莲　胡　营
　　　　　郭晓云　黄丽容　黄燕芬　彭玉德　覃　美　覃　雅
　　　　　雷　明　潘丽梅

前　言

我国是植物大国、中药材大国,野生药用植物资源丰富,分布广泛。据第四次全国中药资源普查统计,我国植物药资源数量约占药用资源的80%,达到15 000多种。随着中医药现代化的发展和中药材产业规模的扩大,中药材需求量逐年攀升,但生境变化及市场需求剧增导致药用植物供需矛盾日益突出,使得药用植物野生资源蕴藏量大幅度降低,一些中药材自然资源储量甚至濒临枯竭。

药用植物组织培养即药用植物的无菌培养技术或药用植物的克隆技术,是根据植物细胞具有全能性的理论,利用药用植物体的离体器官、组织或细胞,如根、茎、叶、花、果实、种子、胚、胚珠、子房、花药、花粉以及贮藏器官的薄壁组织、维管束组织等,在无菌和适宜的人工培养基及光照、温度等条件下,诱导出愈伤组织、不定芽、不定根,最后分化、生长形成完整植株的过程。作为现代生物技术中最重要、最活跃的技术之一,药用植物组织培养技术具有加速育种、改良品质、不受地区季节限制、便于工厂化育苗等突出优点,在解决中药材资源短缺、保存、筛选优良种质及推动我国中药资源可持续发展等方面具有不可替代的作用。

与传统的繁殖技术相比,药用植物组织培养技术的人为可控性更高,繁殖周期更短,繁殖系数更大,更有利于药用植物的繁殖与生产。本书在"与肖培根院士合作开展珍稀濒危药用资源保护与可持续利用关键技术研发""肉桂等广西特色药材高质量生产关键技术及系列产品开发研究""壮瑶药岩黄连种质评价、筛选及其药材品质提升研究""区域特色药材品种关键技术研究推广"及"广西冷背药材高值化利用关键技术研究与应用示范"等项目支持下,开展了八角莲、白及、龙骨风、鹿角蕨、罗汉果、铁皮石斛、岩黄连等71种药用植物组织培养技术的应用研究,以期为药用植物资源保护与可持续和深度利用提供有效的技术手段,为药用植物研究及在生产领域中的应用发挥更重要的作用。

本书的编写得到广西壮族自治区中医药管理局及广西壮族自治区药用植物园领导、

多位同仁的大力支持和帮助。其中中国医学科学院赵鑫磊,广西林业科学研究院蒋日红,广西农业职业技术大学黄浩,广西壮族自治区药用植物园蓝祖栽、林伟、农东新、柯芳、汤丹峰为本书各部分的编写提供了数据、图片或文字上的帮助,在此一并向他们表示衷心的感谢!

为能够服务更多的受众群体,本书各论中所述药用植物以人们所熟知的该药用植物药材名称为标题,植物学名石松类和蕨类植物按 PPG Ⅰ 分类系统(2016),裸子植物按 Christenhusz 分类系统(2011),被子植物按 APG Ⅳ 分类系统(2016)。倘若本书能引起相关部门及领域的学者、专家及决策者的关注,对药用植物组织培养技术的发展以及药用植物资源保护与可持续利用起到一定的推动作用,我们将倍感欣慰!

由于编者水平有限,书中难免存在疏漏和不足,敬请读者批评指正!

编 者

2024 年 11 月

目 录

总 论

一、绪论 ……………………… 003
二、药用植物组织培养基础理论与
　　发展历程 ………………… 004
三、药用植物组织培养流程 …… 006
四、药用植物组织培养发展现状
　　及前景 …………………… 007

各 论

八角莲 ………………… 011
巴西人参 ……………… 013
白及 …………………… 016
百部 …………………… 019
半枫荷 ………………… 021
草珊瑚 ………………… 024
沉香 …………………… 026
大苞水竹叶 …………… 029
大叶千斤拔 …………… 031
地枫皮 ………………… 033
淡黄花百合 …………… 035
短瓣石竹 ……………… 038
多花脆兰 ……………… 040

莪术 …………………… 044
番泻叶 ………………… 047
甘草 …………………… 049
岗梅 …………………… 052
钩藤 …………………… 055
骨碎补 ………………… 057
广藿香 ………………… 060
寒兰 …………………… 062
何首乌 ………………… 065
红果参 ………………… 067
红景天 ………………… 070
红大戟 ………………… 072
花榈木 ………………… 075

化橘红	078	牛尾菜	138
火焰兰	081	青蒿	140
鸡血藤	084	青天葵	143
积雪草	086	山豆根	145
姜黄	089	山乌龟	148
降香	091	山银花	150
金花茶	094	蛇果黄堇	153
金荞麦	096	生姜	155
金线吊乌龟	099	石凤丹	158
金线莲	101	石仙桃	161
金樱子	104	太子参	164
蒟蒻薯	106	天冬	166
莲子	110	条叶报春苣苔	170
凉粉草	112	铁皮石斛	173
两面针	114	土茯苓	176
柳叶斑鸠菊	117	五指毛桃	179
龙骨风	120	雪胆	182
龙眼（肉）	122	血竭	184
鹿角蕨	125	岩黄连	187
罗汉果	127	硬叶兰	190
猕猴桃	130	浙贝母	192
墨兰	133	栀子	195
牛大力	135		

参考文献　　　　　　　　　　　　　　　　　　　　　　　　198
附录　　　　　　　　　　　　　　　　　　　　　　　　　　199
　　附录一　常用培养基配方　　　　　　　　　　　　　　199
　　附录二　常用微量单位及换算　　　　　　　　　　　　200
　　附录三　常用缩略词　　　　　　　　　　　　　　　　201

总 论

一、绪论

中医药是一个伟大的宝库,是我国人民几千年来同疾病作斗争所积累的宝贵财富,对中华民族繁荣昌盛和人民健康的保障起着巨大的作用。中药材是中医药的物质基础,其中大部分来源于植物。我国是药用植物资源最丰富的国家之一,但大部分资源蕴藏量有限。

随着中医药现代化的发展和中药材产业规模的扩大,中药材需求量逐年攀升。由于生境变化及市场需求的急剧增加,药用植物野生资源蕴藏量大幅度降低,多种中药资源濒临枯竭,野生中药资源已经不能满足国内外市场的需求,中药材特别是珍稀濒危野生药用资源价格节节攀升。

目前应用于科学研究和临床治疗的药用植物通常来源于野生或人工栽培。近年来,随着经济社会的发展,药用植物的需求量大大增加,野生药用植物资源的数量已远远无法满足科研和医疗的需求。与此同时,虽已有药用植物人工栽培成功,但也面临着栽培粗放、质量不稳、农药污染等一系列问题。随着国家对野生中药资源保护力度的增加,作为现代科学技术中最重要、最活跃的技术之一,药用植物组织培养技术具有加速育种、改良品质、不受地区季节限制、便于工厂化育苗等突出优点,在解决中药资源短缺、保存优良种质及推动我国中药资源可持续发展等方面具有不可替代的作用,同时它还是应用最广泛的生物技术,被称为农业发展史上的第四次绿色革命,在中药资源保护、药用植物次生代谢产物生物合成及新品种选育中发挥重要作用。

(一) 药用植物组织培养的基本概念

药用植物组织培养即药用植物的无菌培养技术或药用植物的克隆技术,是根据植物细胞具有全能性的理论,利用药用植物体的离体器官、组织或细胞,如根、茎、叶、花、果实、种子、胚、胚珠、子房、花药、花粉以及贮藏器官的薄壁组织、维管束组织等,在无菌和适宜的人工培养基及光照、温度等条件下,诱导出愈伤组织、不定芽、不定根,最后分化、生长形成完整植株的过程。

(二) 药用植物组织培养常用术语和定义

药用植物组织培养过程中,常涉及相关术语。下面选择部分常用术语进行介绍,以便更好地在药用植物组织培养中应用。

植物组织培养:简称植物组培,是指在无菌条件下,将离体的植物器官(如根、茎、叶、花、果实、种子等)、组织(如形成层、胚乳、皮层等)、细胞(体细胞和生殖细胞)或原生质体等,在人工配制的培养基上进行培养,在一定的光照和温度等条件下,使之生长、分化并发育成完整小植株的培养技术。

细胞全能性:细胞经分裂和分化后仍具有形成完整有机体的潜能或特性。在多细胞生物中每个细胞的细胞核具有个体发育的全部基因。在一定条件下,每个细胞的细胞核都可发育成完整的个体。

外植体：用于无菌培养的植物活体，包括完整植株、胚胎或从植物体上切取的器官、组织等一切材料。

培养材料：生长在培养容器内培养基上的植物材料。

植物生长物质：调节植物生长发育的物质，包括植物激素和植物生长调节剂。

培养基：在植物组培过程中，由人工配制的提供培养材料生长所必需的营养元素和某些植物生长物质的基质。

接种：将灭菌后的外植体或培养材料在无菌条件下接入培养容器内培养基中的过程。

初代培养：将灭菌后的外植体接种在无菌培养基中进行第一代培养的过程。

诱导培养：将灭菌后的外植体或培养材料接种到诱导不定芽、愈伤组织等器官的培养基中进行培养的过程。

丛生芽：由植物器官和愈伤组织发育出来的群体丛生芽苗，大多是多细胞形成，双极性，结构完整，可直接形成小植株，成苗率高，去分化容易，再分化中等。

不定芽：在高等植物正常的个体发育中，芽一般只从茎尖或叶腋等一定位置生出。这种像顶芽、腋芽、副芽等均在一定部位生出的芽，称为定芽。与此相反，凡是从叶、根或茎节间或是离体培养的愈伤组织等通常不形成芽的部位生出的芽，则统称为不定芽。

继代培养：培养过程中将培养材料经过周期性地分株、切割等操作后，转接入新鲜培养基中继续培养的过程。

增殖培养：继代培养材料产生出不定芽或新的组培苗的过程。

繁殖系数：一个培养周期内不定芽增殖的倍数，即培养一个周期后增殖的不定芽数/接种时的不定芽数。

壮苗培养：将增殖的丛生芽接种到壮苗培养基中进行培养，使幼苗长高长粗壮。

生根培养：把不定芽转移到生根诱导培养基中诱导生根，形成完整植株的过程。

组培苗：在培养容器中生长且已达移栽标准的根、茎、叶俱全的完整植株。

愈伤组织：外植体在离体培养条件下，细胞经脱分化等一系列过程，改变了它们原有的生长特性而转变成一种能迅速增殖的无特定结构和功能的细胞团。

玻璃化：植物组培过程中特有的一种生理失调和生理病变，表现为组培苗生长异常，幼叶和嫩梢呈半透明、水浸状，整株矮小肿胀、失绿，叶片皱缩卷曲，脆弱易断。

褐变：在离体培养中，由于培养组织中的多酚氧化酶被激活，细胞的代谢发生变化，酚类物质被氧化为棕褐色的醌类物质，使培养物及培养基变成褐色的现象。

二、药用植物组织培养基础理论与发展历程

（一）药用植物组织培养的基础理论

1. 药用植物组织培养的原理

植物组织培养的基本原理是植物细胞具有全能性，即每个细胞都具有发育成完整植物个体的潜力。在植物中每个细胞的细胞核都具有个体发育的全部基因，在一定条件下，每个植物细胞的细胞核都可发育成完整的植物个体。

2. 药用植物组织培养的特点

药用植物组织培养是 20 世纪发展起来的一门新技术。科学技术的进步,尤其是外源激素的应用,使药用植物组织培养成为一种大规模、工厂化批量生产种苗的新方法,并在生产上得到越来越广泛的应用。

药用植物组织培养具备以下几个特点:

(1) 药用植物组织培养材料是在人为提供的培养基质和环境条件下进行生长,不受大自然中四季、昼夜的变化以及灾害性气候的不利影响,且条件均一,对植物生长极为有利。

(2) 占地面积少,管理方便,便于工厂化生产,可对细胞生长自动控制和代谢过程合理调节。

(3) 便于筛选高产细胞株。

(4) 利于生物转化,寻找新的有效药物成分。植物细胞内存在羟基化酶、氧化酶、还原酶、甲基化酶、酯化酶、糖基转移酶、糖苷酶等多种酶,植物培养物作为一种生物反应器转化外源化合物,能够产生原植物所没有的,甚至是至今自然界尚未发现的化合物。

(5) 利用组织培养过程中出现的芽变或人工诱变,或进行脱毒,培育新品种,提高药用植物品质。

(6) 个体差异小,生产周期短,设备简单,能节省人力、物力等。

(二) 药用植物组织培养的发展历程

自 20 世纪初以来,植物组织培养技术已经取得了巨大的进展,涉及各种类型的植物,包括农作物、观赏植物、药用植物等,并在农业生产、植物遗传改良和生物制药等领域发挥着重要作用。植物细胞全能性理论的提出为植物组织培养技术的诞生奠定了理论基础。随着研究的不断深入,该技术已渗透到植物生理研究的诸多领域,并在生产上带来巨大的经济效益。根据植物组织培养发展情况,大体可以分为三个时期。

1. 萌芽阶段

组织培养技术的蓬勃发展只是近 50 年的事,但它的整个历史可以追溯至 19 世纪末和 20 世纪初。在 Schleiden 和 Schwann 发展起来的细胞学说的推动下,1902 年德国植物学家 Haberlandt 提出了高等植物的器官和组织为许多细胞组成的观点,以及植物细胞全能性的理论,即在适当的条件下,植物的体细胞具有不断分裂和繁殖并发育成完整植株的潜在能力。基于此,他首次发表了植物离体细胞培养实验的报告。1912 年,Haberlandt 的学生 Kotte 和美国的 Robins 在根尖培养中获得了组织培养的成功:Kotte 采用了含有无机盐、葡萄糖、蛋白胨、天冬酰胺以及添加了各种氨基酸的培养基;Robins 用含无机盐、葡萄糖或果糖的琼脂培养基培养出长度为 1.45~3.75 cm 的豌豆、玉米和棉花的茎尖,形成了一些缺绿的茎和根。

2. 奠基阶段

自 Haberlandt 的实验之后,直到 1934 年美国的 White 通过番茄根建立了第一个活跃生长的无性繁殖系,并反复转移到新鲜培养基中进行继代培养,使根的离体培养实验获得了真正的成功,并在以后 28 年间培养了 1600 代。此后,White 又以小麦根尖为材料,研究了光、温度、通气、pH、培养基组成等各种培养条件对生长的影响,并于 1937 年建立了第一个组织培养的综合培养基。该综合培养基成分均为已知化合物,包括3种B族维生素,即吡哆醇、硫胺素和烟酸。该培养基后来被定名为 White 培养基。

3. 快速发展和应用阶段

20世纪40年代,Skoog 和崔澂在烟草茎切段和髓培养以及器官形成的研究中发现,腺嘌呤或腺苷可以解除培养基中生长素(auxin,IAA)对芽形成的抑制作用,从而明确了腺嘌呤与生长素的比例是控制芽和根形成的主要条件之一。这一比例高时,产生芽;这一比例低时,则形成根;相等则不分化。在寻找促进细胞分裂的物质过程中,Miller 等于1956年发现了激动素(kinetin,KT)。不久,科学家们便发现激动素可以代替腺嘌呤促进发芽,并且效果可增加3万倍。因此,上述控制器官分化的激素模式变为激动素与生长素的比例关系。这方面的成功发现,有力地推动了植物组织培养的发展。

1952年,Morel 和 Martin 通过茎尖分生组织的离体培养,从已受病毒侵染的大丽花中首次获得无病毒植株。1935~1945年,Muir 把单细胞放在一张铺在愈伤组织上面的滤纸上培养,使细胞发生了分裂,即实施了看护接种技术,使单细胞培养获得初步成功。

1960年,Cocking 等用真菌纤维素酶分离植物原生质体获得成功。1971年,Takebe 等在烟草上首次由原生质体获得了再生植株,这不仅在理论上证明了无壁的原生质体同样具有全能性,而且在实践上为外源基因的导入提供了理想的受体材料。20世纪80年代中期以来,对禾谷类作物的原生质体培养也相继告捷,在这方面中国学者做出了重要贡献。1962年,印度 Guha 等成功地在毛叶曼陀罗花药培养中,由花粉诱导得到单倍体植株,促进了花药和花粉培养的研究。

1960年,Morel 提出了一个离体无性繁殖兰花的方法,其繁殖系数极高。这一方法有很大的应用价值,很快被兰花生产者所采用,兰花工业迅速建立起来。1973年,Carlson 等通过两个烟草物种之间原生质体的融合,获得了第一个体细胞杂种。

三、药用植物组织培养流程

药用植物的组织培养是一种高效的无性繁殖技术,它允许在无菌条件下,通过离体的植物器官、组织、细胞或原生质体,在人工控制的环境中生长和分化,形成新的植株。以下是药用植物组织培养的一般流程:

(1) 选择外植体。选择适合培养的植物材料,如茎尖、叶片或根尖等幼嫩组织。

(2) 表面消毒。对外植体进行消毒处理,以减少微生物污染的风险。

(3) 制备外植体。将消毒后的外植体切割成适当大小的小块。

(4) 培养基准备。根据药用植物的种类和培养目的,配制含有适当营养成分和激素的培养基。

(5) 接种。将外植体接种到培养基上。

(6) 培养条件控制。将接种后的培养基置于适宜的温度、湿度、光照等条件下培养。

(7) 观察记录。定期观察并记录组织的生长和分化情况。

(8) 继代培养。当外植体生长到一定阶段后,转移到新的培养基上继续培养,以实现快速增殖。

(9) 诱导分化。通过调整培养基的组成或培养条件,诱导愈伤组织分化成根、芽等器官。

(10) 生根与驯化。诱导形成的小植株在适当的培养基中生根,之后逐步适应外界环境,进行驯化。

(11) 移栽。将生根且适应外界环境的植株移栽到土壤或其他介质中,进行常规管理。

四、药用植物组织培养发展现状及前景

我国是世界上药用资源最丰富的国家之一。早在1982年,国家就制定了对全国中药资源进行系统调查研究的计划。第四次全国中药资源普查确认我国共有中药资源18 817种,包括中国特有的药用植物3 151种、需要保护的物种464种,同时还发现了196个新物种,其中,约100种具有潜在药用价值。近年来,随着科学技术的发展和人们生活水平的提高,人们对中药特别是中草药的需求量越来越大,而传统的中药获取方法是以采集和消耗大量野生资源为代价的。当采集和消耗量超过自然资源的再生能力时,物种必然会濒危甚至灭绝,导致药用植物资源利用不可持续现象的发生。另外,自然生态环境的日益恶化,也进一步导致药用植物资源的匮乏。在我国处于濒危状态的近3 000种植物中,用于中药或具有药用价值的占60%~70%。1992年公布的《中国植物红皮书》中收载的398种濒危植物中,药用植物达168种,占42%;列入国家重点保护野生动物名录的药用动物162种。2022年出版的《中国药用植物红皮书》也收载了我国464种重要且濒危的药用植物,说明人们在保护利用药用植物资源的同时,还必须找到切实可行的新技术途径彻底改变药用植物利用现状。组织培养技术是对中药材传统繁殖方法的突破,且不受时空限制,可周年化生产,在中药资源保护和利用方面发挥了重要作用。

(一) 药用植物组织培养研究现状

我国药用植物组织培养研究,可以追溯到20世纪50年代。1964年,罗士伟等首先报道了人参组织培养获得成功,开启了我国药用植物组织培养技术研究的新篇章。发展至今,我国已成功建立起人参、罗汉果、三七、天麻、石斛、栝楼等400多种药用植物的组织培养体系,通过植物组织培养而成功生产出药物的药用植物达200多种。培养的药用植物从常见的植物到珍稀濒危植物、民族植物皆有,如云南黑节草、延龄草、高山红景天,藏药川西獐芽菜、莪术、水母雪莲、星花乡线菊、溪黄草、玉叶金花、辽东楤木等;也有从生产常用药的植物到具有抗癌、抗病毒等有效成分的植物,如红豆杉、艾黄杨、狼毒、大戟、长春花、米仔兰、狗牙花和香榧等。培养用的材料也有提高,从以草本、木本或藤本植物的根、茎、叶、花、胚、果实、种子、髓、花药等组织或器官进行培养发展到从器官诱导到愈伤组织、细胞培养再发展为用冠瘿组织、毛状根进行培养。植物组织培养技术不断提高,从固体、液体静态、悬浮培养到深层大罐发酵、液体连续培养和细胞固定化培养等。最近人们对植物组织培养电刺激效应进行了探讨,应用诱导剂、稀土和体外胁迫等对植物组织培养生产药物成分进行了研究。在组织培养过程中也建立了一些相应的技术,如放射免疫测定法、复制平板技术、微滴试验、荧光显微镜术和高效液相色谱法,对筛选和获得高产细胞株非常重要。

(二) 药用植物组织培养的前景展望

药用植物组织培养发展至今已有半个世纪,在植物育种、品种复壮、种质资源保存、脱

毒苗培育和次生代谢产物生产等方面应用广泛。在中药材种苗生产中,目前仅有少数品种实现了工厂化育苗,其他大部分药材仅作为种质资源保存或科研用途在实验室培养成功;在药用植物毛状根大规模培养中,人参细胞工业化发酵培养以及紫草细胞生产紫草素已获得成功,高丽参毛状根系列化妆品和保健品也被开发,研制毛状根生物反应器并生产次生代谢产物工业化前景巨大。然而,相对于我国丰富的药用植物资源,当前成功应用生物反应器进行植物细胞、组织和毛状根培养的药用植物并不多。综上所述,我国药用植物组织培养在中药资源领域未来发展方向主要有以下几个方面:与医、食、妆制造业结合,以药食同源中药材工厂化育苗为突破口,逐步增加工厂化育苗药用植物种类和扩大规模;用茎尖脱毒、多倍体诱导和转基因技术等快速繁殖药用植物优良种质,与现代生物技术育种结合,培育新品种、新品系;通过细胞培养、毛状根、生物转化、酶促反应等现代生物技术手段,实现药用植物次生代谢产物的工业化生产;利用组织培养快繁技术建立濒危珍稀中药资源离体保存库等。毫无疑问,今后植物组织培养技术在药用植物研究中的应用将具有十分广阔的前景。

目前,药用植物组织培养技术的应用主要包括以下几个方面:一是利用组织培养快速繁殖技术和脱病毒技术生产大量优质种苗以满足人工栽培的需要;二是通过愈伤组织、悬浮细胞以及毛状根的大量培养,从药用植物细胞或组织中直接提取药物或通过生物转化、酶促反应等生产药物;三是药用植物种质资源的保存和交换,利用组织培养技术保存种质可大大节约人力、物力、财力和物理空间,同时也便于种质交换和转移,防止有害病虫的人为传播;四是与现代生物技术结合创制并培育新种质,得益于转基因技术、基因编辑技术的发展,实现了新基因助力种质改良与创新。

各 论

八角莲

八角莲基原植物为小檗科 Berberidaceae 鬼臼属 *Dysosma* 八角莲 *Dysosma versipellis* (Hance.) M. Cheng ex T. S. Ying。别名独脚莲、独叶一枝花、一把伞、金魁莲、旱八角等,中国特有种,国家二级重点保护植物。植株高 40~150 cm;根状茎直立,不分枝,无毛,淡绿色;叶互生,薄纸质,呈盾状,叶脉明显隆起,边缘有细齿;花深红色,5~8 朵簇生于叶下方,下垂,花瓣呈勺状倒卵形,无毛;子房呈椭圆形;浆果呈椭圆形,种子多数;花期 3~6 月,果期 5~9 月。生于海拔 300~2 400 m 的山坡林下、灌丛中、溪旁阴湿处、竹林下或石灰山常绿林下,分布于湖南、湖北、浙江、江西、安徽、广东、广西、云南、贵州、四川等地。

八角莲以根茎入药,味苦、辛,性凉,有毒。具有清热解毒、化痰散结、祛瘀消肿的功效,用于痈肿、咽喉肿痛、毒蛇咬伤、跌打损伤等症。民间常用于毒蛇咬伤、疮肿痈疽等,是民间单方、验方的重要草药。

八角莲植株

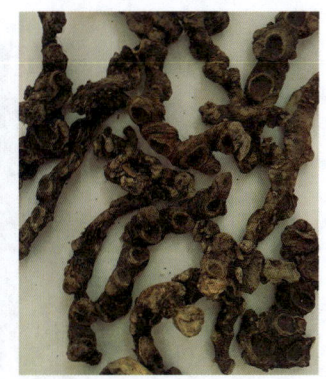

八角莲药材

一、外植体选择与消毒

以八角莲籽粒圆润的成熟果实为外植体。用洗洁精清洗表面污垢,置于烧杯中进行流水冲洗 5 min,用 10% NaOH 浸泡 20 min,清水洗净,然后移至无菌超净工作台内,先用 70%酒精浸泡 60 s,再用 3% NaClO 消毒 3~8 min,无菌水冲洗 3 次,放入灭菌培养皿中待用。

二、初代诱导培养

初代诱导培养基为 MS+2.0 mg/L 6-BA+0.5 mg/L GA_3+4.5 g/L 琼脂+30.0 g/L 蔗糖,培养基 pH 为 5.8,每瓶接种 4 粒种子。培养 30 d 后,种子萌发率达 56.7%。培养温度为 (25 ± 3)℃,光照强度为 1 500~2 000 lx,光照时间为 12~14 h/d。

八角莲种子萌发

八角莲愈伤组织诱导

三、增殖培养

将长势良好的不定芽剪切成约 1.5 cm 长,接入固体增殖培养基 MS+0.5 mg/L 6-BA+0.3 mg/L IAA+0.2 mg/L KT+4.5 g/L 琼脂+30.0 g/L 蔗糖上培养,培养基 pH 为 5.8,刺激丛生芽萌发生长,每瓶接种 5 个单芽,培养 30 d 后长出丛生芽 3~6 个。培养条件同初代诱导培养条件。

八角莲壮苗培养

四、壮苗生根

将增殖培养获得的丛生芽接入壮苗生根培养基 MS+0.5 mg/L NAA+0.1 mg/L IBA+4.5 g/L 琼脂+30.0 g/L 蔗糖中培养,培养基 pH 为 5.8,每瓶接种 5 单芽,30 d 后,诱导出白色粗壮根,长成完整的小植株,生根率高达 100%。培养条件同初代诱导培养条件。

五、炼苗移栽

待八角莲组培苗长至 6~8 cm 时,选择生长良好、整齐、健壮的瓶苗,打开瓶盖,注入少

八角莲组培苗生根

八角莲组培苗移栽

量自来水淹没培养基,于室内自然光下炼苗7d。洗净组培苗根部培养基,移栽到比例为3∶1∶1的田园土、腐殖土、沙子充分搅拌的基质中。基质可用50%多菌灵500倍液喷施处理,30d移栽成活率达91%。

巴西人参

巴西人参基原植物为苋科 Amaranthaceae 藤棉苋属 *Hebanthe* 的多年生草本植物巴西人参 *Hebanthe eriantha*(Poir.)Pedersen[*Pfaffia paniculata*(Mart.)Kuntze]。别名苏马、南美苋、珐菲亚,由南美洲地区引入中国,因具有和五加科人参相似的滋补作用而得名。植株高 150～200 cm;根通常 3～5 条,圆柱形,呈黄色;茎秆由若干节组成,节间空而长,节的茎部呈膝状膨大,侧枝对生;单叶长卵圆形至长椭圆形,对生,无托叶;穗状花序,小花多密集簇生于茎的顶端,花小,呈辐射对称;胞果瘦小,黄褐色,种子分批成熟,易脱落。花果期 5 月至来年 2 月。生于阳光较为充足的地方,原产于南美洲、巴西等国的热带雨林地区,目前已在广西、四川、浙江等地引种成功。

巴西人参以根入药,味甘、微苦,性温。具有清热解毒、强精壮阳、抗炎镇痛的功效,用

巴西人参植株

巴西人参药材

于心血管系统、中枢系统、生殖系统、消化系统等疾病。

一、外植体选择与消毒

目前巴西人参常采用幼嫩茎尖作为外植体进行组培芽诱导。采用茎尖作为外植体开展诱导时,首先将巴西人参茎尖剪下,去除叶片,将幼嫩茎尖先置洗洁精水中浸泡 10 min,用自来水流水冲洗 15 min,在超净工作台上用 75% 酒精浸泡 3 min 后无菌水冲洗 5 次,置于 0.1% $HgCl_2$ 溶液浸泡消毒 8 min,再用无菌水浸洗 4 次,每次浸洗 5 min,然后将茎尖接种于 MS 培养基上培养,在平均光照强度 2 000 lx 下培养,光照时间 12 h/d,温度 (25±3)℃。

二、初代诱导培养

以幼嫩茎尖为外植体,采用的培养基为 MS+1.5 mg/L 6-BA+0.2 mg/L NAA,对巴西人参进行不定芽诱导,在平均光照强度 2 000 lx 条件下培养,光照时间 12 h/d,温度 (25±3)℃,30 d 后诱导形成丛生芽效果较好。

三、增殖培养

在超净工作台将巴西人参丛生芽接入继代增殖培养基 MS+1.5 mg/L 6-BA+0.2 mg/L NAA+0.2 mg/L IBA 进行增殖培养,培养条件为平均光照强度 2 000 lx,光照时间 12 h/d,温度 (25±2)℃。将丛生芽接入继代增殖培养基一周后,开始有新芽出现,随后培养基中丛生芽大量繁殖,30 d 后统计繁殖系数,在此培养基上形成丛生芽的频率较高,繁殖系数达 6.0,丛生芽质量好,植株健壮。增殖率主要受 6-BA 质量浓度的影响。丛生芽数量随着 6-BA 质量浓度(1.0~1.5 mg/L)的增加而增多,当 6-BA 高于 1.5 mg/L 时,芽数量减少,繁殖系数下降,表明高质量浓度 6-BA 对丛生芽诱导有抑制作用。

四、壮苗生根

将巴西人参继代苗接入 1/2 MS+1.0 mg/L NAA+0.2 mg/L IBA 的生根培养基进

行生根诱导,在超净工作台中将生长健壮的芽苗单切接入巴西人参生根培养基中,pH为5.8,平均光照强度2000lx的光照下培养,光照时间12h/d,温度(25±3)℃,30d后统计生根率达95%以上,且根系发育良好、粗壮、无愈伤组织,移栽后成活率较高。在生根过程中NAA和IBA的协同促进生根,根系发育良好、粗壮、无愈伤,移栽后成活率较高。

巴西人参壮苗生根

五、炼苗移栽

经生根培养后的巴西人参,挑选生长旺盛、根系发达的组培苗移入常温室内放置,松开盖子3~4d后,掀开盖子让巴西人参组培苗与空气完全接触,其间需向瓶内的组培苗洒水保持瓶内的水分充足。4d后洗净根部的培养基,移栽于消毒的沙床上。每日向叶面喷洒少量的水,30d后移栽成活率达98%。

巴西人参组培苗移栽

白 及

白及基原植物为兰科 Orchidaceae 白及属 *Bletilla* 多年生草本植物白及 *Bletilla striata*(Thunb.)Reichb. f.。别名白根、地螺丝、白鸡儿、紫兰、连及草,为国家二级重点保护植物。植株较高;茎粗壮,劲直;叶片为披针形或宽披针形,先端渐尖,叶子边缘平滑或近于平滑;花苞片长圆状披针形,开花时大多凋落,花大,为紫红色或粉红色。花期4~5月。生于海拔 100~3 200 m 的常绿阔叶林下、栎树林或针叶林下、路边草丛或岩石缝中,分布于江苏、浙江、安徽、福建、江西、湖北、湖南、广东、广西、四川、贵州、陕西南部、甘肃东南部等地。

白及以根茎入药,味苦、甘,性凉。具有补肺止血、消肿生肌的功效,用于肺伤咳血、衄血、金疮出血、痈疽肿毒、溃疡疼痛、汤火灼伤、手足皲裂等症。是白百抗痨颗粒、百贝益肺胶囊、结核丸、千山活血膏、伤科灵喷雾剂等多种中成药的主要原料。

白及植株

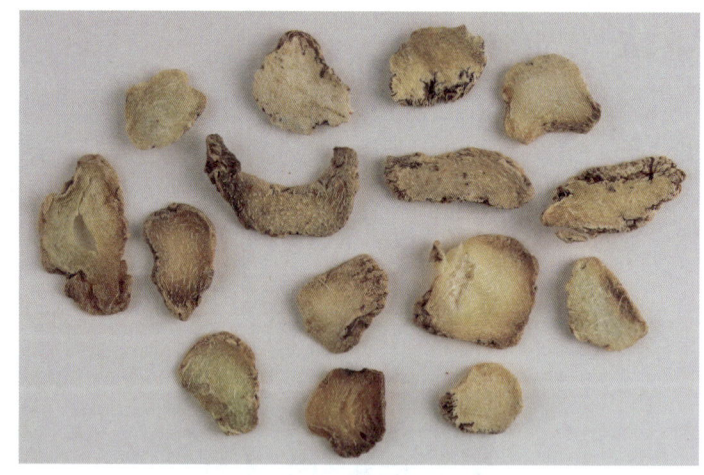
白及药材

一、外植体选择与消毒

白及组织培养采用成熟未开裂蒴果作为外植体。首先用流水冲洗 10 min,再用纱布蘸洗洁精溶液刷洗表面,流水冲洗干净。在超净工作台内,用 75% 酒精溶液浸泡 30 s,再用 0.1% $HgCl_2$ 溶液(加 1 或 2 滴表面活性物质吐温-20)浸泡消毒 12 min,无菌水冲洗 3 次,用滤纸吸干表面水分。纵切,将蒴果里粉末状的种子均匀地撒在 MS 培养基上进行培养,污染率约为 10%。培养温度(25±2)℃,光照强度约 2 000 lx,光照时间为 12 h/d。

二、初代诱导培养

种子诱导以 MS 为基本培养基，pH 为 5.8。白及种子播种在诱导培养基上 7 d 后吸水膨胀，培养 30 d，原球茎不断繁殖增多，种子萌发率最高为 84%。培养温度 (25±2)℃，光照强度约 2 000 lx，光照时间为 12 h/d。

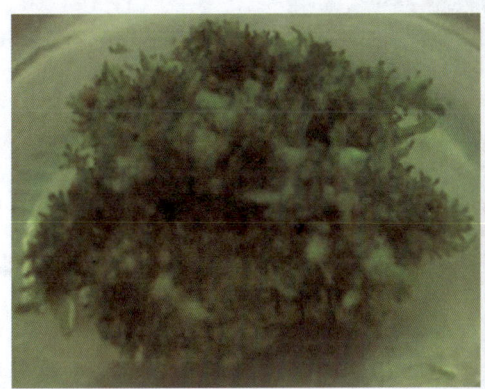 

白及初代诱导

三、增殖培养

种子萌发后继续在 MS 培养基上培养，原球茎逐渐增多并开始长出嫩叶，不断萌发形成单芽。芽长至 1.2～2 cm 时，可进行分化增殖，最佳增殖培养基为 MS+2.0 mg/L TDZ+1.0 mg/L 6-BA+0.1 mg/L IBA+4.5 g/L 琼脂+30.0 g/L 蔗糖，培养基 pH 为 5.8。增殖系数达 5.17，苗长势最好，株健壮、叶色嫩绿。培养条件与初代诱导培养条件相同。

白及芽增殖

四、壮苗生根

当丛生芽长到 3～5 cm 时，将其切成单芽接种于 1/2 MS 的生根培养基中，pH 为 5.8。

培养 30 d 后,生根率为 87.5%。生根培养基为 1/2 MS+0.5 mg/L NAA+0.1 mg/L 6-BA+4.5 g/L 琼脂+30.0 g/L 蔗糖。培养条件与初代诱导培养条件相同。

白及壮苗生根

五、炼苗移栽

当白及组培苗在生根培养基上长有 3 条以上根,苗高 5～7 cm,且叶色浓绿、生长健壮时,打开培养瓶的盖子,并注入少量水淹没培养基,于室内自然光下炼苗 1 周。用镊子小心取出试管苗,洗净培养基后移栽至泥炭土：蕨根：木屑=2:1:1 的混合基质中,基质以疏松透气、排水良好、不易发霉为宜。根据需要每周喷施 1 或 2 次 10 倍稀释的 MS 大量元素营养液,于遮阴棚下培养,视基质的干湿度喷雾补水。移栽 2 个月后,白及组培苗成活率为 85.7%。

白及组培苗移栽

百 部

百部基原植物为百部科 Stemonaceae 百部属 Stemona 多年生攀援性草本植物直立百部 Stemona sessilifolia (Miq.) Miq.、蔓生百部 S. japonica (Blume) Miq. 或对叶百部 S. tuberosa Lour.。对叶百部又名大百部、大春根药、山百部根、九重根。块根常纺锤形,长达 30 cm;茎少分枝,攀援状;叶对生或轮生,稀兼有互生,卵状披针形或卵形,长 6~24 cm;花单生或 2 或 3 朵组成总状花序。花期 3~7 月。生于海拔 370~2 240 m 的山坡丛林下、溪边、路旁以及山谷和阴湿岩石中,分布于我国长江流域以南各地,以及中南半岛、菲律宾和印度北部,日本有引种栽培。

百部以干燥块根入药,味甘、苦,性微温。归肺经。具有润肺下气止咳、杀虫灭虱的功效,用于新旧咳嗽、顿咳;外用于头虱、体虱、蛲虫病、阴痒等症。蜜百部润肺止咳,用于阴虚劳嗽等症。

对叶百部植株

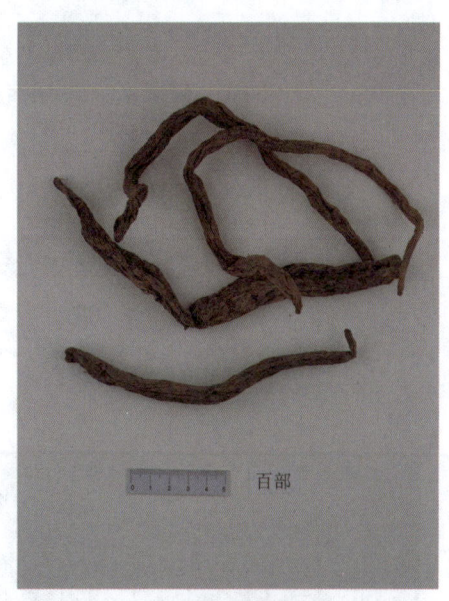

对叶百部药材

一、外植体选择与消毒

百部组织培养常以带芽的嫩茎段为外植体。将带芽的 2~3 cm 长的百部嫩茎段洗净去污后晾干,置于超净工作台中。用 75% 酒精浸泡 30 s,无菌水冲洗一遍,再用 0.1% 的 $HgCl_2$ 消毒 10 min,无菌水冲洗 3~5 次。用无菌滤纸将带芽茎段表层的水分吸干后,将其置于初代诱导培养基上进行诱导培养。

二、初代诱导培养

百部初代诱导培养所用的培养基为 MS+2 mg/L 6-BA+0.2 mg/L KT+0.2 mg/L NAA+4.5 g/L 琼脂+25.0 g/L 蔗糖,培养基 pH 为 5.8。每瓶接 3~5 个外植体,外植体经过诱导培养 30 d 后开始萌芽,萌芽率 80% 以上,芽健壮。培养条件为光照强度 1 500~2 000 lx,光照时间 12 h/d,温度(24.5±1.5)℃。

对叶百部初代诱导

三、增殖培养

切取初代诱导所得的百部不定芽,转接至增殖培养基 MS+2.0 mg/L TDZ+0.2 mg/L KT+0.2 mg/L IBA+4.5 g/L 琼脂+25.0 g/L 蔗糖上。每瓶接 3~5 个不定芽。增殖培养 30 d 后,丛生芽多,叶绿,植株长势良好,每个单芽平均增殖倍数为 5。培养条件同初代诱导培养条件。

对叶百部丛生芽增殖　　　　　　对叶百部壮苗生根

四、壮苗生根

切取 3～5 cm 长的健壮的百部丛生芽,转接至生根培养基 1/2 MS+0.1% 6-BA+0.5% NAA+0.5 g/L AC+4.5 g/L 琼脂+35.0 g/L 蔗糖。每瓶接种 1～3 个单芽,培养 25 d 左右开始出现幼根,生根率达 80%以上,根系渐粗壮,培养 35 d 左右适合移栽。

五、炼苗移栽

选择健壮的百部完整组培苗,打开组培瓶盖,向培养基表面加入少量自来水,置室温下炼苗 3 d,然后洗净根部培养基,再移栽到由泥炭土:蛭石=1:1(体积比)组成的基质中,遮阴保湿,移栽 21 d 后,组培苗成活率达 100%。

对叶百部组培苗移栽

半枫荷

半枫荷基原植物为蕈树科 Altingiaceae 半枫荷属 *Semiliquidambar* 半枫荷 *Semiliquidambar cathayensis* H. T. Chang。别名阿丁枫、闽半枫荷、边荷枫、枫荷梨等,为国家二级重点保护植物。常绿乔木,树皮灰色;叶簇生于枝顶,革质,异型;短穗状雄花序组成总状,头状雌花序单生,头状果序;有蒴果 22～28 个;宿存萼齿比花柱短。生于温暖湿润气候地带,分布于江西南部、广西北部、贵州南部、广东、海南等地。

半枫荷以根、茎、叶、树皮和花入药,味甘、淡,性温。具有活血化瘀、温经散寒、祛湿止痛的功效,用于肢体麻痹、风湿腰腿痛、跌打损伤、关节不利、半身不遂、产后风瘫等症状,是我国壮族、苗族、傣族等少数民族常用祛风湿药。

半枫荷植株

半枫荷药材

一、外植体选择与消毒

半枫荷组织培养常采用当年生枝条的嫩茎或叶片作为诱导愈伤组织的外植体。取带腋芽的嫩茎或叶片,用自来水冲洗去除表面污物,放在盛有饱和的中性洗涤剂的容器中浸泡 10 min,并不断摇动容器,再用自来水冲洗 15 min,于超净工作台内用无菌水反复冲洗 3~5 次,将洗干净的材料置于 0.1‰ $HgCl_2$ 溶液浸泡消毒 8~10 min,接着用无菌水冲洗 5 或 6 次,置于无菌滤纸上将水吸干备用。

二、初代诱导培养

将消毒好的茎段切成 1 芽 1 节,叶片切成约 0.5 cm^2,然后转接至初代培养基,每瓶接种 1 个外植体。初代培养基为 MS+0.5 mg/L 6-BA+0.05 mg/L NAA+5.0 g/L 琼脂+25.0 g/L 蔗糖,培养基 pH 为 5.8。培养 20 d 后节间长出淡绿色不定芽;培养 30 d 后,不定芽诱导率可达 86%。培养室平均光照强度为 2 000 lx,光照时间 12 h/d,温度 (24±2)℃。

半枫荷初代诱导

三、增殖培养

当初代培养中的芽长到2 cm左右、叶愈伤组织长满整个外植体时,切取单芽或愈伤转接至MS+0.5 mg/L 6-BA+0.2 mg/L NAA+5.0 g/L 琼脂+25.0 g/L 蔗糖(pH为5.8)的培养基上进行增殖培养。每瓶接种3~5个单芽或愈伤组织。培养40 d后,丛生芽增殖系数可达3.5倍。培养条件与初代诱导培养条件相同。

四、壮苗生根

芽长至2~3 cm即可切下进行生根培养。选取生长健壮的丛生芽,切成单株,转接至1/2 MS+2.0 mg/L NAA+2 g/L AC+5.0 g/L 琼脂+25.0 g/L 蔗糖(pH为5.8)的生根培养基上培养。培养条件与初代诱导培养条件相同。50 d后,生根率达96%,且根系粗壮,根数较多。此时,可取出炼苗。

半枫荷增殖培养

半枫荷壮苗生根

五、炼苗移栽

经生根培养后的半枫荷,挑选生长旺盛、根系发达的组培苗移入常温室内放置,将组培瓶盖揭开,7 d后将完整带根苗取出,清水洗净根部培养基,吸干根部水分,移栽至以腐殖土∶珍珠岩=4∶1比例混合的基质中,保持土壤湿润,组培苗移栽成活率可达90%以上。

半枫荷组培苗移栽

草 珊 瑚

草珊瑚基原植物为金粟兰科 Chloranthaceae 草珊瑚属 Sarcandra 的多年生植物草珊瑚 Sarcandra glabra（Thunb.）Nakai。别名肿节风、九节茶。茎节膨大，单叶椭圆形至卵状披针形，边缘有锐锯齿，托叶钻形；花为穗状圆锥花序顶生，雄蕊棒状，生于药隔上部两侧，核果球形，熟时红色。生于海拔 420～1 500 m 的山沟谷林下阴湿处，适宜温暖湿润气候，喜阴凉环境，忌强光直射和高温干燥，分布于中国长江以南，在越南、朝鲜半岛、日本、马来半岛、印度也有分布。

草珊瑚植株

草珊瑚全株可入药，味辛、苦，性平。有小毒。具有清热解毒、祛风、活血化瘀、通经接骨、止痛的功效，用于血热紫斑、紫癜，风湿痹痛，跌打损伤等症。此外，草珊瑚还是广西重要的传统瑶药品种，广西瑶族民间流传有"七十二风"等传统瑶药，肿节风就是"七十二风"中重要的风药品种之一，其具有清热凉血、散瘀消肿、祛风通络的功效，在广西壮瑶地区广泛应用。

草珊瑚药材

一、外植体选择与消毒

目前草珊瑚组培常采用种子和茎尖作为外植体。采用种子作为外植体诱导时,种子用0.02%的赤霉素溶液浸泡24 h和0.5 mol/L NaOH溶液浸泡处理24 h,浸泡后除去漂浮种子。转移到超净工作台内,再用无菌水涮洗5遍以上,接种到培养基上进行培养。采用茎尖作为实验材料开展诱导时,首先将草珊瑚茎尖用自来水洗净,转移到超净工作台内,采用75%酒精消毒30 s,再用无菌水涮洗一遍,将洗干净的茎尖置于0.1% $HgCl_2$ 溶液(加1或2滴吐温-20)浸泡消毒5~10 min,用无菌水浸洗2次,每次浸洗5 min,选用无菌滤纸将实验材料表层的水分吸干,然后接种到MS培养基上进行培养,在平均光照强度2 000 lx下培养,光照时间12 h/d,温度(24±2)℃。

二、初代诱导培养

草珊瑚茎尖诱导采用的培养基为MS+1.5 mg/L 6-BA+0.3 mg/L IAA+0.5 mg/L NAA+5.0 g/L 琼脂+30.0 g/L 蔗糖,对草珊瑚进行不定芽诱导,在平均光照强度2 000 lx条件下进行培养,光照时间12 h/d,温度(24±2)℃。诱导培养7 d左右,草珊瑚茎尖颜色逐渐变成乳黄色,其不定芽切口处开始增大并疏松,15 d左右在茎尖接触培养基的基部长出不定芽,约20 d时草珊瑚不定芽逐渐长出翠绿色叶片并且成簇生长。

草珊瑚初代诱导

草珊瑚丛生芽增殖

三、增殖培养

将0.5~1.0 cm的不定芽单芽剪切并接种到MS+1.5 mg/L 6-BA+0.3 mg/L IBA+5.0 g/L 琼脂+30.0 g/L 蔗糖的培养基上进行增殖培养,30 d后草珊瑚不定芽增殖倍数达10以上。培养基中6-BA和IBA对丛生芽繁殖有促进作用,且芽苗为翠绿色,长势较快,质量也较好,有利于后期诱导草珊瑚生根。

四、壮苗生根

当草珊瑚丛生芽长到 2～3 cm 高时,转移到加 1.0 mg/L IBA＋0.3 mg/L NAA＋5.0 g/L 琼脂＋30.0 g/L 蔗糖的 1/2 MS 培养基进行壮苗生根培养,30 d 后草珊瑚组培苗生根率能够实现 100%。IBA、NAA 对草珊瑚生根率的影响呈现出在低浓度时促进生根,而在高浓度时抑制生根。

草珊瑚壮苗生根

草珊瑚组培苗移栽

五、炼苗移栽

挑选生长旺盛、根系发达的草珊瑚组培苗移入常温大棚内放置,让组培苗逐步适应外界的光照、温度和湿度,以提高移栽成活率。松动组培瓶瓶盖,2 d 后掀开盖子让草珊瑚组培苗与空气完全接触,其间需向瓶内的组培苗洒水保持瓶内的水分充足。3 d 后从瓶内取出组培苗,洗净根部的培养基,然后移栽到装有已消毒泥炭∶珍珠岩＝1∶1 的基质中,适度遮阴,并保持一定的湿度,后续及时进行浇水、除草、防病、防虫等管理,保证幼苗健壮成长,30 d 后草珊瑚组培苗成活率为 96%。

沉 香

沉香基原植物为瑞香科 Thymelaeaceae 沉香属 *Aquilaria* 植物土沉香 *Aquilaria sinensis* (Lour.) Spreng.。别名香材、白木香,为国家二级重点保护植物。乔木,高 5～15 m,树皮暗灰色;小枝圆柱形,具皱纹;叶革质,圆形、椭圆形至长圆形,两面均无毛;花芳香,黄绿色,多朵,组成伞形花序;萼筒浅钟状,两面均密被短柔毛,5 裂;花瓣 10;蒴果卵球形,幼时绿色,种子褐色,卵球形。花期春夏,果期夏秋。生于低海拔的山地、丘陵以及路边阳处疏林中,分布于广东、海南、广西、福建等地。

土沉香植株

土沉香以含有树脂的木材入药,味辛、苦,性微温。具有行气止痛、温中止呕、纳气平喘的功效,用于胸腹胀闷疼痛、胃寒呕吐呃逆、肾虚气逆喘急等症。

沉香药材

一、外植体选择与消毒

土沉香组织培养常采用茎尖作为外植体。采用茎尖作为外植体进行诱导时,首先将土沉香茎尖洗净,在超净工作台内(后续初代诱导、增殖培养和壮苗生根操作均同)用75%酒精消毒30 s,再用无菌水涮洗一遍,将洗干净的茎尖置于0.1% $HgCl_2$ 溶液浸泡消毒8~10 min,用无菌水浸洗2次,每次浸洗5 min,然后用无菌滤纸将实验材料表层的水分吸干。

二、初代诱导培养

把灭菌的茎尖接种到诱导培养基MS+0.5 mg/L 6-BA+0.2 mg/L IAA+5.0 g/L 琼脂+25.0 g/L 蔗糖,培养基pH为5.8。在平均光照强度2 000 lx下进行培养,光照时间12 h/d,温度(24±2)℃。7~10 d后有不定芽发生,培养30 d后,不定芽诱导率为90%。

土沉香初代诱导　　　　　　　　　土沉香增殖

三、增殖培养

将不定芽接种在增殖培养基 MS＋0.5 mg/L 6-BA＋0.2 mg/L IBA＋5.0 g/L 琼脂＋25.0 g/L 蔗糖,培养基 pH 为 5.8,培养条件与初代诱导培养条件相同。一般每瓶 4 个单芽,30 d 后每个不定芽可分化出 5~10 个丛生芽。

四、壮苗生根

将健壮丛生芽接种到 1/2 MS＋1.0 mg/L NAA＋5.0 g/L 琼脂＋25.0 g/L 蔗糖,pH 为 5.8 的生根培养基上进行间接培养 2 d,再接种到 1/2 MS＋10.0 g/L 蔗糖培养基上进行壮苗生根培养,培养条件与初代诱导培养条件相同。30 d 后土沉香组培苗开始生根,生根率约 50%,根数 3~5 根/棵。

土沉香壮苗生根　　　　　　　　　土沉香组培苗移栽

五、炼苗移栽

将土沉香完整带根组培苗取出,洗净根部培养基后立即移栽到灭菌的蛭石:塘土＝

1∶1基质中,遮阳率为30%的遮阳网遮阳,并覆塑料膜保湿。移栽30 d后,土沉香组培苗成活率为90%。

大苞水竹叶

大苞水竹叶基原植物为鸭跖草科 Commelinaceae 水竹叶属 *Murdannia* 大苞水竹叶 *Murdannia bracteata* (C. B. Clarke)。别名癌草、围夹草、狮子草等。多年生常绿草本,根圆柱状,长20~30 cm。花期5~8月,果期6~9月。生于海拔500~850 m的水沟边及密林下,分布于广西、广东、云南、海南等地。

大苞水竹叶以全草入药,味甘、淡,性凉。具有逐水通便、化痰散结、清热通淋、通经的功效,用于慢性肾炎、晚期血吸虫病腹水或其他肝病变腹水等症。

大苞水竹叶植株

一、外植体选择与消毒

目前大苞水竹叶组织培养常采用侧芽为外植体。采用侧芽作为外植体进行诱导时,先将大苞水竹叶侧芽表面洗净去污,在已灭菌的超净工作台内采用75%酒精消毒30~45 s,再用无菌水冲洗1~3次,放入体积浓度为0.1% $HgCl_2$ 灭菌8 min,用无菌水冲洗2~5次后,再用无菌滤纸将侧芽表层的水分吸干,然后接种于诱导培养基上进行初代诱导培养。

大苞水竹叶药材

二、初代诱导培养

诱导采用的培养基为 MS+0.2 mg/L KT+1.5 mg/L 6-BA+0.5 mg/L NAA+5.0 g/L 琼脂+30.0 g/L 蔗糖,培养基 pH 为 5.8。对大苞水竹叶不定芽诱导,外植体经 15 d 诱导培养,可分化形成不定芽 6 个以上。培养温度为 23~26℃,光照强度为 1 400~2 000 lx,光照时间为 10~12 h/d。

大苞水竹叶诱导和增殖

三、增殖培养

在 MS+1.0 mg/L 6-BA+0.6 mg/L IAA+5.0 g/L 琼脂+30.0 g/L 蔗糖的培养基上对大苞水竹叶不定芽进行增殖培养,培养基 pH 为 5.8。培养 28 d 后,增殖系数达 10 以上,培养条件与初代诱导培养条件相同。

四、壮苗生根

大苞水竹叶组培苗壮苗生根培养基为 MS+5.0 g/L 琼脂+30.0 g/L 蔗糖,同时添加 2.0 mg/L 的 IBA 和 1.0 mg/L 的 IAA,40 d 后,大苞水竹叶组培苗粗壮且生根效果较好,生根率达 93%,平均根长达到 4.5 cm。

大苞水竹叶壮苗生根

五、炼苗移栽

生根培养后，挑选生长旺盛、根系发达的大苞水竹叶组培苗移入常温室内放置，拧松组培瓶瓶盖，2 d 后掀开盖子让大苞水竹叶组培苗与空气完全接触，其间需向瓶内的大苞水竹叶组培苗洒水保持瓶内湿度。3 d 后从瓶内取出组培苗，洗净根部的培养基，移栽于灭菌后的基质上，基质为泥炭土：黄沙＝3∶1，适度遮阴，并保持一定的湿度。30 d 后，大苞水竹叶组培苗移栽成活率为 84%。

大苞水竹叶组培苗移栽

大叶千斤拔

大叶千斤拔基原植物为豆科 Fabaceae 千斤拔属 *Flemingia* 植物大叶千斤拔 *Flemingia macrophylla*（Willd.）Prain。别名天根不倒、红豆草。直立灌木，幼枝有明显纵棱，密被紧贴丝质柔毛；叶具指状 3 小叶，托叶大小叶纸质或薄革质，顶生小叶宽披针形至椭圆形，基出脉 3；总状花序常数个聚生于叶腋，长 3~8 cm，花多而密集，花冠紫红色，旗

大叶千斤拔植株

大叶千斤拔药材

瓣长椭圆形,具短瓣柄及2耳,翼瓣狭椭圆形,一侧略具耳,瓣柄纤细,龙骨瓣长椭圆形,先端微弯,基部具长瓣柄和一侧具耳。荚果椭圆形,种子1或2颗,球形光亮黑色。生于海拔200～1500 m的旷野草地上或灌丛中,山谷路旁和疏林阳处亦有生长,分布于云南、贵州、四川、江西、福建、台湾、广东、海南、广西等地。

大叶千斤拔以根入药,味辛,性温。具有祛风湿、益脾肾、强筋骨等功效,用于风湿骨痛、腰肌劳损、四肢痿软、偏瘫、阳痿、月经不调、带下、腹胀、食少、气虚足肿等症。

一、外植体选择与消毒

大叶千斤拔组织培养时常采用嫩芽为外植体。以嫩芽为外植体进行诱导时,先用洗洁精将嫩芽表面洗净去污,在超净工作台内(后续初代诱导、增殖培养和壮苗生根操作均同)用75%酒精消毒12 s,用无菌水冲洗3次,最后放入0.1% $HgCl_2$中灭菌10 min,其间轻轻摇晃2或3次,用无菌水清洗3次后,用无菌滤纸吸干嫩芽表面水分,剪除嫩芽下部伤口后接种到诱导培养基。

二、初代诱导培养

大叶千斤拔初代诱导培养基为MS+1.5 mg/L 6-BA+0.2 mg/L KT+0.2 mg/L IBA+5.0 g/L琼脂+25.0 g/L蔗糖,培养基pH为5.8。在平均光照强度2 000 lx条件下进行培养,光照时间12 h/d,培养室温度(24±2)℃。培养30 d后,不定芽诱导率为100%。40 d后长到3或4节。

大叶千斤拔初代诱导

大叶千斤拔增殖

三、增殖培养

将初代诱导长出的带芽茎段接种到增殖培养基MS+2.0 mg/L 6-BA+0.2 mg/L KT+0.2 mg/L IBA+5.0 g/L琼脂+25.0 g/L蔗糖上,培养基pH为5.8,培养条件与初代诱导培养条件相同。20 d后,茎段基部分化长出丛生芽,40 d后,不定芽增殖倍数

5~8倍。

四、壮苗生根

选取长度在3 cm以上的大叶千斤拔丛生芽,接种于壮苗生根培养基1/2 MS+1.0 mg/L NAA+5.0 g/L琼脂+25.0 g/L蔗糖上培养,培养基pH为5.8,培养条件与初代诱导培养条件相同。生根效果好,20 d后长出3~5条根,生根率100%。

五、炼苗移栽

将完整带3~5条根的大叶千斤拔组培苗取出,洗净根部培养基立即移栽到泥炭土:腐殖土:珍珠岩:蛭石=4:4:1:1的基质中。适度遮阴,保持湿润生长,30 d后,大叶千斤拔组培苗成活率为90%。

大叶千斤拔组培苗移栽

地 枫 皮

地枫皮基原植物为五味子科Schisandraceae八角属Illicium植物地枫皮Illicium difengpi B. N. Chang et al.。别名枫榔、矮顶香、钻地枫、追地枫,国家二级重点保护植物。灌木,高1~3 m,全株均具八角的芳香气味。根外皮暗红褐色,内皮红褐色;嫩枝褐色;树皮有纵向皱纹;叶常3~5片聚生或在枝的近顶端簇生,革质或厚革质;花紫红色或红色,腋生或近顶生,单朵或2~4朵簇生;果梗长1~4 cm;聚合果直径2.5~3 cm,蓇葖9~11枚;种子长6~7 mm。花期4~5月,果期8~10月。生于海拔200~500 m的石灰岩石山山顶与有土的石缝中或石山疏林下及海拔700~1 200 m的石山,分布于广西西南部的都安、马山、德保至龙州等地。

地枫皮植株　　　　　　　　　　　　地枫皮药材

地枫皮以干燥树皮入药,味涩、微辛,性温。具有祛风除湿、行气止痛的功效,用于风湿痹痛、劳伤腰痛等症。

一、外植体选择与消毒

目前地枫皮进行组织培养常采用茎段为外植体,用幼嫩茎段做外植体时,通常取上部带腋芽的茎段,将茎段切成1 cm带一个以上腋芽的茎段,流水冲洗30 min,之后转移至超净工作台内进行无菌操作,依次经75%酒精浸泡30 s,无菌水清洗3次,0.1% $HgCl_2$ 灭菌10 min,无菌水清洗5次后,再用无菌滤纸吸干茎段表面水分,接种于MS培养基中。

二、初代诱导培养

诱导采用的培养基为MS+2.0 mg/L 6-BA+0.1 mg/L NAA+5.0 g/L 琼脂+30.0 g/L 蔗糖,对地枫皮茎段进行不定芽诱导,取外植体消毒接入初代诱导培养基,每日光照16 h,光强2000 lx,培养温度为(25±1)℃,培养30 d后,诱导率可达80%,且长出的不定芽较为健壮。

地枫皮初代诱导　　　　　　　　　　地枫皮丛生芽增殖

三、增殖培养

在 MS+2.0 mg/L 6-BA+1.0 mg/L KT+0.3 mg/L NAA+5.0 g/L 琼脂+30.0 g/L 蔗糖的培养基上对地枫皮不定芽进行增殖培养,培养 30 d 后,地枫皮的增殖效果比较好,增殖系数达 3.2。

四、壮苗生根

地枫皮丛生芽长至 2~3 cm 时,切分成单芽,基于 1/2 MS 培养基添加 1.0 mg/L NAA 对地枫皮进行壮苗生根培养,每株苗长根为 10~20 条,粗细适中,根茎粗壮,适合移栽炼苗。

地枫皮生根

地枫皮组培苗移栽

五、炼苗移栽

经生根培养后的地枫皮组培苗,长至 3 cm 高时,挑选生长旺盛、根系发达的组培苗移入常温室内放置,拧松组培瓶瓶盖,2 d 后掀开盖子让组培苗与空气完全接触,其间需向瓶内的组培苗洒水保持瓶内湿度。3 d 后从瓶内取出组培苗,洗净根部残留培养基,移栽于灭菌的泥炭:蛭石=1:1 的混合基质中,移栽 30 d 后的组培苗生长良好,成活率为 90% 以上。

淡黄花百合

淡黄花百合基原植物为百合科 Liliaceae 百合属 Lilium 多年生草本植物淡黄花百合 Lilium sulphureum Baker ex Hook. f.。鳞茎球形,鳞片卵状披针形或披针形;茎高 80~120 cm,有小乳头状突起;叶散生,披针形,上部叶腋间具珠芽;花通常 2 朵,喇叭形,有香味,白色,外轮花被片矩圆状倒披针形,内轮花被片匙形,蜜腺两边无乳头状突起。花期 6~7 月。生于海拔 90~1890 m 的路边、草坡或山坡阴处疏林下,分布于广西、四川、贵州和云南等地。

淡黄花百合以干燥肉质鳞茎入药,味甘,性寒。具有养阴润肺、清心安神的功效,用于阴虚燥咳、劳嗽咳血、虚烦惊悸、失眠多梦、精神恍惚等症。

淡黄花百合植株　　　　　　　　　　淡黄花百合药材

一、外植体选择与消毒

以淡黄花百合鳞片为外植体。取鳞茎下部内层的鳞片，用洗洁精溶液清洗表面污垢，置于烧杯中流水冲洗 30 min，移至超净工作台，先用 75% 酒精浸泡 30 s，无菌水冲洗 2 次，再用 0.1% $HgCl_2$ 溶液（加 1 或 2 滴吐温-20）浸泡消毒 12 min，最后用无菌水冲洗 5 次，放入灭菌培养皿中备用。

二、初代诱导培养

初代诱导培养基为 MS＋1.5 mg/L 6-BA＋0.5 mg/L NAA＋4.5 g/L 琼脂＋30.0 g/L 蔗糖，培养基 pH 为 5.8。每瓶接种 1～3 个鳞片，培养 20 d 后开始萌发黄绿色不定芽，培养 30 d 后不定芽长约 2 cm，不定芽诱导率为 85.2%。在平均光照强度 2 000 lx 条件下进行培养，光照时间 12 h/d，温度 (24±2)℃。

淡黄花百合初代诱导　　　　　　　　淡黄花百合丛生芽增殖

三、增殖培养

将长约 2 cm 的不定芽切成单芽,转接至增殖培养基 MS+1.0 mg/L 6-BA+0.1 mg/L NAA+0.2 mg/L KT+4.5 g/L 琼脂+30.0 g/L 蔗糖,培养基 pH 为 5.8。每瓶接种 2 或 3 个单芽,培养 30 d 后长出丛生芽,长势良好,苗健壮,叶色翠绿,平均增殖系数为 4.2。培养条件与初代诱导培养条件相同。

四、壮苗生根

淡黄花百合适宜的壮苗生根培养基为 1/2 MS+0.3 mg/L IBA+0.1 mg/L NAA+4.5 g/L 琼脂+30.0 g/L 蔗糖,培养基 pH 为 5.8。将培养至 3~5 cm 高的丛生芽分割成单芽,每瓶接种 2 个单芽,20 d 长出 3~5 条白色幼根,30 d 后根多且粗壮,生根率达 100%。培养条件与初代诱导培养条件相同。

淡黄花百合壮苗生根

五、炼苗移栽

选择生长健壮且根系发达的淡黄花百合组培苗,打开瓶盖,移入常温室内自然光下炼苗 7 d,其间需保持湿度。移栽时,洗净组培苗根部培养基,移栽到泥炭土:珍珠岩=2:1 的基质中,基质可用 50% 多菌灵 500 倍液喷施处理。移栽后浇透水,保温遮阴,30 d 后淡黄花百合组培苗移栽成活率达 90%。

淡黄花百合组培苗移栽

短瓣石竹

短瓣石竹为石竹科 Caryophyllaceae 短瓣花属 *Brachystemma* 植物短瓣花 *Brachystemma calycinum* D. Don。别名土牛膝（壮）、抽筋藤（瑶）、太极草、僮仁局、小儿新光等。茎铺散或上升，长达6 m，微显4棱，无毛或上部被疏柔毛，皮易碎裂。叶片卵状披针形至披针形，顶端渐尖，基部圆形或渐狭成柄状，两面无毛或被疏柔毛。聚伞状圆锥花序顶生或腋生，大型；花瓣白色，披针形，全缘；子房球形，无毛，花柱2，线形。蒴果球形，直径约2.5 mm，短于宿存萼；种子肾状球形，长、宽约1.5 mm，具凸起。花期4~7月，果期8~12月。生于海拔540~2 300 m的山坡草地或路旁疏林中，分布于云南和四川等地。

短瓣花以根入药，味苦、淡、酸，性凉、平。具有清热解毒、祛风除湿、利尿、舒筋活络的功效，用于风湿跌打、手足痉挛、尿淋、腰膝无力等症。

短瓣花植株　　　　　　　　　　　　短瓣花药材

一、外植体选择与消毒

通常选择生长健壮、无病虫害的植株的幼嫩带芽茎段作为外植体。将外植体在3%洗洁精溶液中搅拌1 min，再用脱脂棉擦除茎段表面污垢，用线状自来水冲洗8~10 min后晾干。置于超净工作台内，将外植体剪切成2~3 cm的带芽茎段，依次用75%酒精浸泡30 s，无菌水浸洗一遍，0.1% $HgCl_2$（加1或2滴表面活性物质吐温-20）消毒6~8 min，无菌水浸洗3~5次，放置于消毒好的容器内。将剪切成1.0~1.5 cm长的带芽茎段接种到诱导培养基中，每瓶接种3~5个外植体茎段，接完种后拧紧瓶盖。

二、初代诱导培养

将剪切成1.0~1.5 cm长的短瓣花带芽茎段接种到诱导培养基MS+1.0 mg/L 6-

BA+0.1 mg/L NAA+4.5 g/L 琼脂+30.0 g/L 白糖上培养,培养基 pH 为 5.8,每瓶接种 3~5 个茎段,培养 15 d 后可长出不定芽,30~40 d 不定芽诱导率达 95%,培养温度为(23± 2)℃;光照强度为 1500 lx;光照时间为 12 h/d。

短瓣花初代诱导

三、增殖培养

将长势良好的不定芽剪切成 1.0~1.5 cm 长的单芽接入增殖培养基 MS+0.1~ 2.0 mg/L 6-BA+0.01~1.0 mg/L NAA+0.1~0.5 mg/L IAA+4.5 g/L 琼脂+30.0 g/L 白糖中,培养基 pH 为 5.8,每瓶接种 5 个单芽,培养 28 d 后,苗粗壮,叶翠绿,不定芽增殖系数为 3.9。培养条件与初代诱导培养条件相同。

短瓣花丛生芽诱导   短瓣花壮苗生根

四、壮苗生根

将增殖培养的丛生芽剪切成单芽或带有 2~4 个芽的芽丛,接入壮苗生根培养基 MS+0.5 mg/L ABT+1.0 mg/L IAA+4.5 g/L 琼脂+30.0 g/L 白糖+0.5 g/L AC 中培养,培养基 pH 为 5.8,每瓶接种 5 个单芽,当组培苗高于 5 cm 且根部长势良好时,可移至大棚炼苗。培养条件与初代诱导培养条件相同。

五、炼苗移栽

选择生长健壮、叶色浓绿、具5张及以上完全叶的带根组培苗,在室温为23~27℃的室内打开瓶盖,在瓶中加入少量自来水,炼苗5~7 d后,洗掉培养基的组培苗可以移栽到基质中,可选泥炭土:黄土=1:1的混合基质,对基质淋施杀菌剂。淋透定根水,移栽30 d后,短瓣花组培苗成活率达90%以上。

短瓣花组培苗移栽

多花脆兰

多花脆兰基原植物为兰科 Orchidaceae 脆兰属 Acampe 植物多花脆兰 Acampe rigida (Buch.-Ham. ex Sm.) P. F. Hunt。别名香蕉兰、芭蕉兰、焦兰,是一种观赏价值较高的大型附生野生兰,国家二级重点保护植物。茎粗壮,长可达1 m;叶近肉质;花苞片肉质,花黄色带紫褐色横纹并具香气。生于海拔560~1 600 m的林中树干上或林下岩石上,分布于广东南部、香港、海南、广西西南部、贵州南部、云南南部等地。

多花脆兰以根和叶入药,味辛、苦,性平。具有舒经活络、活血止痛功效,用于跌打闪挫、骨折筋伤等症。

多花脆兰植株

多花脆兰药材

一、外植体选择与消毒

以多花脆兰嫩芽为外植体。将嫩芽置流动的自来水下轻轻地冲洗,用吸水纸吸干表面水渍。置于超净工作台内用 0.1% $HgCl_2$ 溶液消毒 15 min,再用无菌水清洗 3 次以上,放在灭过菌的滤纸上将嫩芽表面无菌水吸干,最后再接入培养基中培养。培养温度为 (24 ± 2)℃,光照时间 12 h/d,光照强度 2 000 lx。

二、初代诱导培养

采用的培养基为 1/2 MS+0.5 mg/L 2,4-D+1.0 mg/L 6-BA+1.0 mg/L AC+5.0 g/L 琼脂+30.0 g/L 蔗糖,培养基 pH 为 5.8,对多花脆兰进行初代培养。培养约 30 d 开始出芽,培养 40 d 后,发现不定芽诱导率为 100%。培养条件为光照强度 2 000 lx,光照时间 12 h/d,温度 (25 ± 2)℃。

多花脆兰初代培养

三、增殖培养

在 1/2 MS＋1.0 mg/L 6-BA＋1.0 mg/L NAA＋1.0 mg/L AC＋5.0 g/L 琼脂＋30.0 g/L 蔗糖的培养基上对多花脆兰进行丛生芽增殖培养,培养基 pH 为 5.8。培养 25 d 后,开始分化出丛生芽,培养 30 d 后,不定芽增殖系数 8～10。

多花脆兰丛生芽增殖

四、生根培养

采用生根培养基 1/2 MS＋0.5 mg/L NAA＋1.0 mg/L AC＋5.0 g/L 琼脂＋30.0 g/L 蔗糖,培养基 pH 为 5.8,对多花脆兰组培苗进行生根培养。7 d 后开始生根,25 d 后组培苗生根率达到 100%,组培苗平均根数为 4。

多花脆兰壮苗生根

五、炼苗培养

挑选生长状态良好的多花脆兰带根组培苗移入常温室内,拧松组培苗盖子放置3 d,再掀开盖子放置4 d,将组培苗从瓶内取出,洗掉根部附着的培养基,移入湿润的兰石∶苔藓∶腐熟松树皮=1∶2∶3的基质上培养。培养温度20~25℃为宜,遮阳率30%~50%。移栽30 d后,多花脆兰组培苗成活率为90%左右。

多花脆兰组培苗移栽

莪 术

莪术基原植物为姜科 Zingiberaceae 姜黄属 *Curcuma* 植物广西莪术 *Curcuma kwangsiensis* S. G. Lee & C. F. Liang。多年生草本,根茎卵球形,鲜时内部白色或微带蛋奶黄色;须根细长,末端常膨大成近纺锤形块根;块根直径 1.4~1.8 cm,内部乳白色。春季抽叶,叶基生,2~5 片,直立;叶片椭圆状披针形,两面被柔毛。穗状花序从根茎抽出,和具叶的营养茎分开,总花梗长 7~14 cm,花序长约 15 cm,花生于下部和中部的苞片腋内;花萼白色;花冠裂片 3 片,卵形。栽培或野生于山坡草地及灌木丛中,分布于广西、云南等地。

广西莪术以干燥根茎入药,药材名为莪术;以干燥块根入药,药材名为郁金。莪术具有行气破血、消积止痛的功效,用于癥瘕痞块、瘀血经闭、胸痹心痛、食积胀痛等症。郁金具有活血止痛、行气解郁、清心凉血、利胆退黄的功效,用于胸胁刺痛、胸痹心痛、经闭痛经、乳房胀痛、热病神昏、癫痫发狂、血热吐衄、黄疸尿赤等症。

广西莪术植株

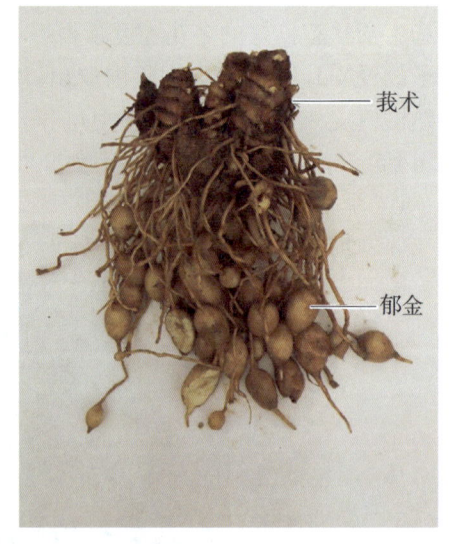
莪术药材(广西莪术)

一、外植体选择与消毒

广西莪术组织培养常以嫩芽为外植体。以嫩芽为外植体进行初代诱导时,在超净工作台内(后续初代诱导、增殖培养和壮苗生根操作均同)于 75% 酒精中浸泡 30 s,再于 0.1% $HgCl_2$ 溶液中消毒 10 min,其间摇晃 2 或 3 次,无菌水浸洗 5 次,用无菌滤纸吸干嫩芽表面水分。

二、初代诱导培养

将灭菌后的嫩芽接种到 MS+5.0 g/L 琼脂+25.0 g/L 蔗糖的培养基上进行初代培养,培养基 pH 为 5.8。在平均光照强度 2 000 lx 条件下进行培养,光照时间 12 h/d,温度 (24±2)℃。培养 30 d 后,不定芽诱导率为 100%。

广西莪术初代诱导

三、增殖培养

将初代诱导获得的不定芽接种到增殖培养基 MS+0.5 mg/L 6-BA+0.2 mg/L NAA+5.0 g/L 琼脂+25.0 g/L 蔗糖,培养基 pH 为 5.8,培养条件与初代诱导培养条件相同。30 d 后不定芽基部长出丛生芽,且丛生芽生长较快,长势良好,增殖系数 4~8。

广西莪术增殖

四、壮苗生根

选取高度≥3 cm 的广西莪术丛生芽,接种至壮苗生根培养基 1/2 MS＋0.5 mg/L IAA＋5.0 g/L 琼脂＋25.0 g/L 蔗糖上,培养基 pH 为 5.8,培养条件与初代诱导培养条件相同。培养 7～10 d 即可出 4 或 5 条根,生根率可达 95%。

广西莪术壮苗生根

五、炼苗移栽

壮苗生根培养 10 d 后,选择生根效果好的广西莪术组培苗,打开瓶盖,注入少量清水淹没培养基进行炼苗,5～7 d 后,用镊子将组培苗从培养瓶中取出,洗掉根部附着的培养基,炼苗移栽至营养杯,以育苗土∶珍珠岩＝8∶1 的混合基质,保持环境温度 25～28 ℃,湿度 70%～80%,注意通风,每 2 d 浇 1 次水,30 d 后成活率可达 90% 以上。

广西莪术组培苗移栽

番 泻 叶

番泻叶基原植物为豆科 Fabaceae 决明属 Senna 植物狭叶番泻叶 *Cassia angustifolia* M. Vahl。别名印度番泻叶、丁内未利番泻叶。叶呈长卵形或卵状披针形，长 1.5~5 cm，宽 0.4~2 cm，叶端急尖，叶基稍不对称，全缘；上表面黄绿色，下表面浅黄绿色，无毛或近无毛，叶脉稍隆起；革质；气微弱而特异，味微苦，稍有黏性。生于海拔 300~2 580 m 疏松、排水良好的砂质土，分布于非洲热带地区及我国台湾，广东、广西、海南、云南有引种栽培。

狭叶番泻以小叶入药，味甘、苦，性寒。具有泻热导滞的功效，用于热结积滞、便秘腹痛、水肿胀满等症。

狭叶番泻植株

番泻叶药材

一、外植体选择与消毒

以当年生带萌动芽的枝条为外植体，用清水洗净材料表面脏物，再用 0.1% 洗洁精溶液浸泡 10 min,脱脂棉擦洗,自来水冲洗 20 min,吸干水分。在超净工作台内,避开萌动芽将枝条切成约 2 cm 长,在 75% 酒精溶液中表面消毒 10 s,然后用 0.1% $HgCl_2$ 灭菌 5 min,最后用无菌水冲洗 5 次,无菌吸水纸吸干外植体表面水分,剪去带萌动芽枝条的旧切口,将萌动芽向上、枝条与培养基垂直转接到不含任何激素的 MS 培养基中预培养。培养室培养温度 (25 ± 2)℃,光照时间 12 h/d,光照强度 2 500 lx。1 周后将不污染的材料挑出,备用。

二、初代诱导培养

将预培养的材料转接到诱导培养基 MS+2.0 mg/L TDZ+0.1 mg/L NAA+4.5 g/L 琼脂+30.0 g/L 蔗糖+1.0 g/L AC 中,培养基 pH 为 5.8,不定芽诱导率为 100%,每个外植体可分化出 4 或 5 个不定芽。培养条件同预培养条件。

狭叶番泻初代诱导

三、增殖培养

当外植体在诱导培养基中长出不定芽后,接种到 MS+2.0 mg/L 6-BA+0.05 mg/L NAA+4.5 g/L 琼脂+30.0 g/L 蔗糖的增殖培养基中,培养基 pH 为 5.8,培养 40 d,增殖系数平均为 6,芽长 2.1 cm,茎的节间距适中,叶片正常伸展且呈浓绿色。培养条件与预诱导培养条件相同。

四、壮苗生根

剪取由增殖培养得到的高约 3 cm 的健壮单个丛生芽作为生根材料,生根培养基为 1/2 MS+2.0 mg/L IBA+4.5 g/L 琼脂+30.0 g/L 蔗糖+1.0% AC,培养基 pH 为 5.8,培养 2 周后,转接到含 1/2 MS 液体培养基的湿润滤纸上培养 2 周(在培养瓶底放置 1 或 2 层中性滤纸,再用 1/2 MS 液体培养基润湿),生根率为 58%。培养条件与初代诱导培养条件相同。

五、炼苗移栽

当组培苗的根长达 2 cm 左右,将生根组培苗置于温室大棚中炼苗 1 周,再洗净组培苗根部的液体培养基,移至泥炭土和黄土体积混合比为 2∶1 的基质中。在移栽 7 d 内,保持相对湿度 80% 左右,温度 20~30℃,光照强度 1 000 lx;后按需喷水,正常管护。

狭叶番泻组培苗移栽

甘　草

甘草基原植物为豆科 Fabaceae 甘草属 *Glycyrrhiza* 植物甘草 *Glycyrrhiza uralensis* Fisch.。别名甜草、甜根子。多年生草本植物;根与根状茎粗壮,外皮褐色,里面淡黄色,具甜味;茎直立,多分枝,高 30~120 cm,密被鳞片状腺点、刺毛状腺体及白色或褐色的绒毛;托叶三角状披针形,两面密被白色短柔毛;叶柄密被褐色腺点和短柔毛;小叶 5~17 枚,卵形、长卵形或近圆形,总状花序腋生,具多数花,总花梗短于叶,密生褐色的鳞片状腺点和

甘草植株

甘草药材

短柔毛;苞片长圆状披针形,花萼钟状,荚果弯曲呈镰刀状或呈环状,种子暗绿色,圆形或肾形。花期6~8月,果期7~10月。生于干旱砂地、河岸砂质地、山坡草地及盐渍化土壤中,分布于我国东北、华北、西北各地及山东,蒙古及俄罗斯西伯利亚地区也有分布。

甘草以干燥根和根茎入药,味甘,性平。归心、肺、脾、胃经。具有补脾益气、清热解毒、祛痰止咳、止痛、调和诸药的功效,用于脾胃虚弱、倦怠乏力、心悸气短、咳嗽痰多、脘腹及四肢挛急疼痛、痈肿疮毒、缓解药物毒性与烈性等症。

一、外植体选择与消毒

甘草组培时常采用种子作为外植体。选用饱满、成熟度一致的甘草种子作为外植体开展诱导时,首先将甘草种子清洗干净,于超净工作台内采用75%酒精消毒30 s,再选择无菌水涮洗一遍,将洗干净的种子置于0.1% $HgCl_2$ 溶液(加1或2滴表面活性物质吐温-20)浸泡消毒10 min,用无菌水浸洗2次,每次浸洗5 min,再用无菌滤纸将外植体表层的液体吸干,后置于诱导培养基上进行培养,培养条件为平均光照强度2 000 lx,光照时间12 h/d,温度(24±2)℃。

二、初代诱导培养

初代诱导采用的培养基为MS+0.5 mg/L GA_3+5.0 g/L 琼脂+30.0 g/L 蔗糖,培养基pH为5.8,将消毒后的甘草种子接入诱导培养基进行萌发培养,培养10 d后,子叶张开长出胚芽,培养15 d后胚芽长高,不定芽在平均光照强度2 000 lx下进行培养,光照时间12 h/d,温度(24±2)℃。

甘草初代诱导

甘草丛生芽增殖

三、增殖培养

甘草不定芽适宜的增殖培养基为MS+0.1 mg/L TDZ+0.1 mg/L NAA+5.0 g/L 琼脂+30.0 g/L 蔗糖,培养基pH为5.8,不定芽在增殖培养基培养20 d有丛生芽产生,30 d后每个不定芽可以分化出3~5个丛生芽,45 d后芽长至3~5 cm。

四、壮苗生根

甘草组培苗壮苗生根培养基为 1/2 MS+0.2 mg/L 6-BA+0.5 mg/L NAA+0.5 g/L AC,培养基 pH 为 5.8,每瓶 5~10 个单芽,20 d 之后丛生芽基部长出白色嫩根 3~5 条,生根率达 100%,30 d 后根长 5~8 cm,生根数多,且主根较发达,适合移栽种植。

甘草壮苗生根

五、炼苗移栽

挑选生长旺盛、根系发达的甘草生根组培苗移入常温室内放置,松开盖子 2 d 后掀开盖子让甘草组培苗与空气完全接触,其间需向瓶内洒水保持湿度。3 d 后从瓶内取出组培苗,洗净根部的培养基,移入事先消毒好的营养土中,适度遮阴,并保持一定的湿度,7 d 后甘草组培苗成活率为 95% 以上。

甘草组培苗移栽

岗 梅

岗梅基原植物为冬青科 Aquifoliaceae 冬青属 *Ilex* 岗梅 *Ilex asprella*（Hook. & Arn.）Champ. ex Benth.。别名秤星树、梅叶冬青、百解茶、秤星木、天星木等。为落叶灌木，幼枝散生多数白色皮孔，似秤星；叶互生，膜质，卵形或卵状椭圆形，花梗长 1~2 cm，无毛；浆果球形，熟时黑色，内果皮石质。生于海拔 400~1 000 m 的山地疏林中或路旁灌丛中，分布于广西、广东、湖南、福建、江西、浙江、江苏等地。

岗梅植株

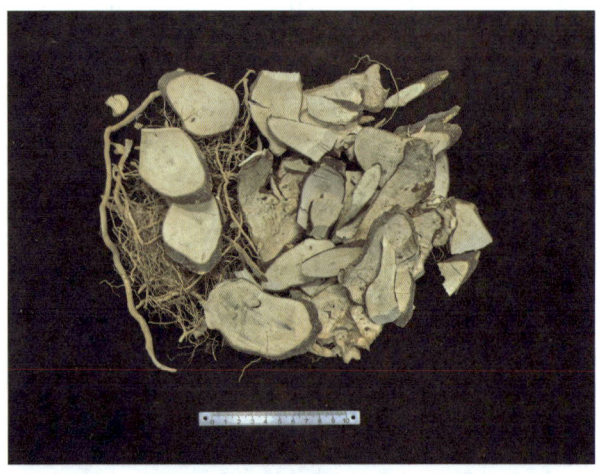

岗梅药材

岗梅以根入药，味苦、微甘，性凉。归肺、胃经。具有清热解毒、生津止渴、利咽、散瘀止痛的功效，用于流感高热、急性扁桃体炎、咽喉炎、肺脓肿、跌打损伤、疥疮、颈淋巴结结核等症。根加水在锈铁上磨汁内服，能解砒霜和毒菌中毒。

一、外植体选择与消毒

岗梅组织培养时常采用嫩芽为外植体。采用当年生健壮、无病虫害的嫩芽作为外植体展开诱导时,首先将岗梅嫩芽洗净,在超净工作台内采用 0.1% $HgCl_2$ 消毒 8 min,无菌水涮洗 3~5 遍,再用无菌滤纸将外植体表层的液体吸干,然后置于诱导培养基上进行诱导培养。

二、初代诱导培养

诱导采用的培养基为 MS＋0.5 mg/L 6-BA＋0.1 mg/L NAA＋0.5 mg/L GA_3＋5.0 g/L 琼脂＋25.0 g/L 蔗糖,培养基 pH 为 5.8。将消毒后的岗梅嫩芽接入诱导培养基中培养,培养 10 d 后,开始有新的不定芽产生,培养 40 d 后,不定芽诱导率为 75%,在平均光照强度 2 000 lx 条件下进行培养,光照时间 12 h/d,温度 22~26 ℃。

岗梅初代诱导

三、增殖培养

岗梅不定芽适宜的增殖培养基为 MS＋1.0 mg/L 6-BA＋0.2 mg/L IBA＋5.0 g/L 琼脂＋25.0 g/L 蔗糖,培养基 pH 为 5.8,培养条件与初代诱导培养条件相同,不定芽在增殖培养基上培养 10~15 d 时有丛生芽产生,30 d 后丛生芽增殖 3.5 倍,高度 3~5 cm。

岗梅丛生芽增殖

四、壮苗生根

壮苗生根培养基以 1/2 MS 培养基为基本培养基,添加 0.2 mg/L NAA＋1.0 mg/L IBA＋5.0 g/L 琼脂＋25.0 g/L 蔗糖,培养基 pH 为 5.8,对岗梅丛生芽进行壮苗生根培养,培养条件与初代诱导培养条件相同,接种 30 d 后,生根率为 98％,每株 3～5 条根,组培苗粗壮且主根发达。

岗梅壮苗生根

五、炼苗移栽

经生根培养后的岗梅,挑选生长旺盛、根系发达的生根苗移入常温室内放置,松开盖子 2 d 以后,再掀开盖子让岗梅生根苗与空气完全接触,其间需要向瓶内的生根苗洒水保持瓶内的湿度。3 d 后从瓶内取出生根苗,洗净根部的培养基,移入蛭石中炼苗,25 d 后移栽于黄心土∶细河沙∶泥炭土＝4∶2∶1 的基质上,并保持一定的湿度,30 d 后岗梅生根苗成活率为 90％。

岗梅组培苗移栽

钩 藤

钩藤基原植物为茜草科 Rubiaceae 钩藤属 Uncaria 植物钩藤 Uncaria rhynchophylla (Miq.) Miq. ex Havil.、大叶钩藤 U. macrophylla Wall.、毛钩藤 U. hirsuta Havil.、华钩藤 U. sinensis (Oliv.) Havil. 或无柄果钩藤 U. sessilifructus Roxb.。别名钩丁、鹰爪风。多年生藤本植物,嫩枝较纤细,方柱形或略有4棱角,无毛。叶纸质,椭圆形或椭圆状长圆形,两面均无毛;托叶狭三角形,外面无毛,里面无毛或基部具黏液毛,裂片线形至三角状披针形。头状花序,单生叶腋,总花梗具一节,苞片微小,或成单聚伞状排列,总花梗腋生;花冠管外面无毛,或具疏散的毛,花冠裂片卵圆形。果序直径 10~12 mm;小蒴果长 5~6 mm,被短柔毛,宿存萼裂片近三角形,长 1 mm,星状辐射。花、果期 5~12 月。生于山谷溪边的疏林或灌丛中,分布于广东、广西、云南、贵州、福建、湖南、湖北及江西等地。

钩藤以带钩茎枝入药,味甘,性凉。归肝、心包经。具有息风定惊、清热平肝的功效,用于肝风内动、惊痫抽搐、高热惊厥、感冒夹惊、小儿惊啼、妊娠子痫、头痛眩晕等症。

钩藤植株

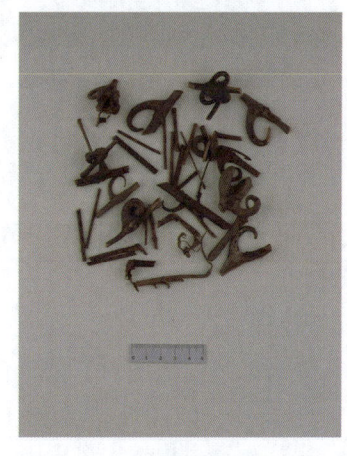

钩藤药材

一、外植体选择与消毒

以大叶钩藤为实验对象。目前大叶钩藤组培时常采用茎段或种子作为外植体。采用茎段作为外植体展开诱导时,选取生长健壮、健康无病毒的钩藤幼嫩茎段,剪成长 2 cm 左右的带腋芽小茎段,放在添加有 1% 洗衣粉的洗涤液中浸泡 5~8 min,置于自来水下用细流水冲洗 15 min 左右,直到泡沫冲洗干净。处理完毕,材料移至超净工作台上。用无菌水冲洗一遍,再用 75% 酒精消毒 30 s,其间不停摇晃,然后用无菌水冲洗 3~5 次,再用 0.1% $HgCl_2$ 灭菌 6~7 min,用无菌水涮洗 5 次,取出,放在经高压灭菌的不锈钢浅盘中;茎段切去末端组织,即完成前期处理,接种于 MS 培养基中进行初代诱导。

采用种子作为外植体进行诱导时,先将种子用自来水清洗干净后用无菌水冲洗一遍,再用75%酒精消毒30 s,其间不停摇晃,然后用无菌水冲洗3～5次,再用0.1% $HgCl_2$ 灭菌7～8 min,用无菌水冲洗5次,然后接种于MS培养基中进行发芽诱导。培养室的培养温度为(23 ± 2)℃,光照时间12 h/d,光照强度1 500～2 500 lx。

二、初代诱导培养

大叶钩藤茎段外植体初代诱导采用的培养基为MS+1.0 mg/L 6-BA+0.2 mg/L NAA+5.0 g/L 琼脂+25.0 g/L 蔗糖,培养基pH为5.8,初代培养30 d后,不定芽诱导率为93%,芽粗壮、整齐、生长快。

大叶钩藤初代诱导

大叶钩藤丛生芽增殖

三、增殖培养

在MS+0.2 mg/L 6-BA+0.5 mg/L IBA+5.0 g/L 琼脂+25.0 g/L 蔗糖培养基上对大叶钩藤不定芽进行增殖培养,培养20 d左右,即可获得5～7倍的增殖系数,增殖苗健壮,适于生根。

四、壮苗生根

钩藤增殖芽生根培养过程中,以1/2 MS+0.5 mg/L IBA+0.5 mg/L NAA+5.0 g/L 琼脂+25.0 g/L 蔗糖组合,对生根有明显的促进作用,生根率达到87.6%,生根快,根系粗

大叶钩藤壮苗生根

壮,根数多,适于移栽种植。

五、炼苗移栽

经生根培养后,挑选生长旺盛、根系发达的大叶钩藤组培苗移入常温室内放置,2 d 后掀开盖子让大叶钩藤组培苗与空气完全接触,其间需向瓶内的组培苗洒水保持瓶内湿度。3 d 后从瓶内取出组培苗,洗净根部附着的培养基,移入已消毒的泥炭土∶蛭石=3∶1 的基质上,适度遮阴,并保持一定的湿度,30 d 钩藤培苗成活率为 90.3% 以上。

钩藤组培苗移栽

骨 碎 补

骨碎补基原植物为水龙骨科 Polypodiaceae 槲蕨属 *Drynaria* 植物槲蕨 *Drynaria fortunei* (Kunze) J. Sm.。别名肉碎补、石岩姜、猴姜、毛姜、过山龙等。根状茎密被鳞片;鳞片斜升,盾状着生,边缘有齿;叶二型,基生不育叶圆形,厚干膜质,下面有疏短毛;叶片深羽裂到距叶轴 2~5 mm 处,裂片互生,披针形,叶脉两面均明显;叶干后纸质,孢子囊群圆形,椭圆形,成熟有圆形孢子囊群,混生有大量腺毛;孢子成熟期 10~11 月。附生于海拔 200~1 800 m 的林中岩石、石灰岩石壁、树干或墙上,分布于西南地区及浙江、福建、江西、湖北、湖南、广东、广西等地。

槲蕨植株

骨碎补以根茎入药,味辛,性温。具有补肾强骨、续伤止痛等功效,用于肾虚腰痛、耳鸣耳聋、牙齿松动、跌扑闪挫、筋骨折伤、斑秃及白癜风等症。

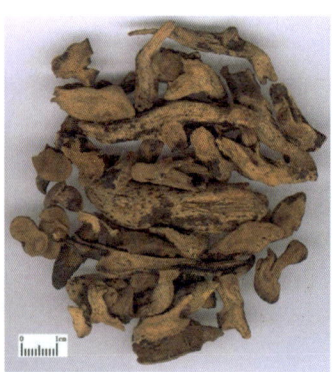

骨碎补药材

一、外植体选择与消毒

槲蕨组培常采用幼嫩块茎和孢子为外植体。采用块茎为外植体时，先清除块茎表皮毛，再用洗洁精水溶液清洗表面污垢，置于烧杯中流水冲洗15 min，用软毛刷去除表面尘土，然后移至超净工作台内，用75%酒精灭菌25 s，无菌水冲洗1遍，再用0.1% $HgCl_2$ 消毒10 min，无菌水浸泡4次，每次5 min，用备用的无菌滤纸吸干外植体表面的水分后，剪切成大小约1.0 cm×0.6 cm、厚为0.2～0.3 cm的块茎，接种到诱导培养基中，每瓶接种2～4个外植体。采用孢子为外植体时，用消毒好的解剖刀将孢子囊从叶片上刮下，去除孢子囊后，用纱布包裹好，依次用75%酒精灭菌30 s，无菌水冲洗1遍，0.1% $HgCl_2$ 消毒8 min，无菌水涮洗2次，最后将其均匀分散到培养基上。

二、初代诱导培养

初代诱导培养基为MS+1.0 mg/L 6-BA+1.0 mg/L 2,4-D+5.0 g/L 琼脂+30.0 g/L 蔗糖，培养基pH为5.8，将块茎或孢子接种到初代诱导培养基中培养，14 d后，孢子萌发成绿色原叶体，诱导率为60%以上；块茎诱导率为53%。培养条件为光照强度2 000 lx，光照时间12 h/d，温度(24±2)℃。

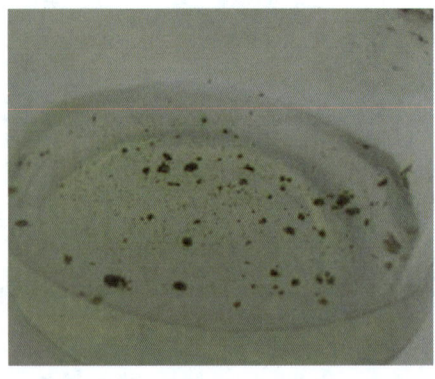

孢子初代诱导　　　　　　　块茎初代诱导

三、增殖培养

均等切分诱导出的槲蕨原叶体,将其接种在含不同外源激素水平的增殖培养基 MS+5.0 g/L 琼脂+30.0 g/L 蔗糖上,培养基 pH 为 5.8,培养 30 d,原叶体成幼孢子体,叶片浓绿,苗生长较整齐一致,增殖倍数为 2.25 倍。培养条件与初代诱导培养条件相同。

槲蕨增殖培养

四、壮苗生根

将槲蕨幼孢子体接入 1/2 MS+0.5 mg/L NAA+0.3 mg/L IAA+5.0 g/L 琼脂+30.0 g/L 蔗糖的生根培养基上培养,培养基 pH 为 5.8,20 d 后观察,生根率均达 90%以上。培养条件与初代诱导培养条件相同。

槲蕨壮苗生根

槲蕨组培苗移栽

五、炼苗移栽

经过壮苗生根培养后,选择健壮、根粗的槲蕨组培苗进行炼苗。打开组培瓶的盖子,喷施少量水,放入温室内自然光下炼苗 7 d,用镊子取出组培苗,洗净根部附着的培养基,移栽到基质厚度为 5~8 cm 厚的泥炭土、树皮等基质中,基质以排水良好、不易发霉为宜。待移栽苗较粗壮、长势旺盛时,可再移植到树上。

广藿香

广藿香基原植物为唇形科 Lamiaceae 刺蕊草属 Pogostemon 植物广藿香 Pogostemon cablin (Blanco) Benth.。别名石牌藿香、石牌广藿香、藿香。多年生芳香草本或亚灌木状,高达 1 m;茎被绒毛;叶圆形或宽卵形;轮伞花序具 10 至多花,组成长 4~6.5 cm 穗状花序;苞片及小苞片线状披针形,花萼筒形,长 7~9 mm,被绒毛,内面被细绒毛,萼齿钻状披针形,长约为萼筒 1/3;花冠紫色,长约 1 cm,裂片被毛;雄蕊被髯毛。花期 4 月。分布于热带,栽培种植于我国广东、海南、广西、云南、福建等地,菲律宾、印度、印度尼西亚、越南、新加坡、马来西亚、西非等国家均有种植。

广藿香以干燥地上部分入药,味辛,性微温。具有芳香化浊、和中止呕、发表解暑的功效,用于湿浊中阻、脘痞呕吐、暑湿表证、湿温初起、发热倦怠、胸闷不舒、寒湿闭暑、腹痛吐泻、鼻渊头痛等症。

广藿香植株

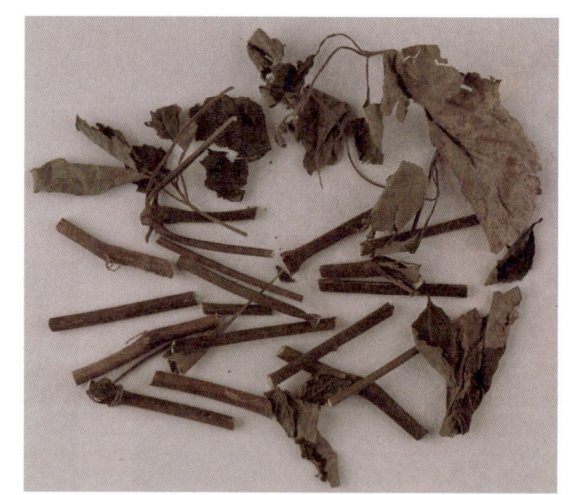
广藿香药材

一、外植体选择与消毒

选择带芽茎段为外植体,在超净工作台内将洗干净的茎尖置于 0.1% $HgCl_2$ 溶液(加 1 或 2 滴表面活性物质吐温-20)浸泡消毒 8 min,用无菌水浸洗 2 次,每次浸洗 3 min,再用无菌纸将实验材料表层的水分吸干,然后接种于 MS 培养基上进行初代诱导培养。

二、初代诱导培养

初代诱导培养采用 MS 培养基。培养 7 d 后广藿香茎段萌发出新芽点,培养 30 d 后不定芽诱导率为 76.4%。培养条件为平均光照强度 2 000 lx,光照时间 12 h/d,温度(24±2)℃。

广藿香初代诱导

三、增殖培养

在 MS+0.5 mg/L 6-BA+0.2 mg/L NAA+30.0 g/L 蔗糖的培养基上对广藿香不定芽进行增殖培养。每瓶接种 5 个芽,培养 20 d 后开始有丛生芽出现,30 d 后增殖系数为 2.2。

广藿香增殖

四、壮苗生根

广藿香生根培养以 1/2 MS 培养基添加 150 g/L 香蕉汁效果最佳,每瓶接种 5 个芽。苗生根快,30 d 后试管苗生根率达 85%,平均根数为 7 条,主根粗,须根多,根系发育较好。

广藿香壮苗生根

五、炼苗移栽

移栽选取生长旺盛且根系发达的广藿香组培苗,移栽前炼苗7d,将组培苗移出组培瓶并洗净根系残留的培养基,栽种于疏松肥沃、排水良好、保水保肥力强的砂质壤土中,移栽60d,广藿香组培苗成活率达85%以上,长势良好。

广藿香组培苗移栽

寒 兰

寒兰基原植物为兰科 Orchidaceae 兰属 *Cymbidium* 多年生地生草本植物寒兰

Cymbidium kanran Makino。别名假兰花、大怪、草兰、青兰、香花草、兰花草,为国家二级重点保护植物。假鳞茎狭卵球形,包藏于叶基之内;叶丛生,带形,暗绿色;总状花序,花淡黄绿色,花瓣狭卵形或卵状披针形;蒴果狭椭圆形。生于海拔400~2 400 m的林下、溪谷旁或稍阴蔽湿润多石之土壤中,分布于我国安徽、浙江、江西、福建、台湾、湖南、广东、海南、广西、四川、贵州和云南,以及日本南部和朝鲜半岛南端等地。

寒兰以干燥根和花入药。以根入药,味辛、甘,性微寒。具有利水道、杀蛊毒、润肺止咳、清热利湿、活血止血的功效,用于阴虚潮热盗汗、胃肠湿热吐泻、急性胃肠炎、尿血、尿路感染、月经不调、带下、便血、跌打损伤、蛔虫病等症。以花入药,味辛,性平。归肺、脾、肝经。具有调气和中、止咳、明目的功效,用于胸闷、腹泻、久咳、青盲内障等症。

寒兰植株

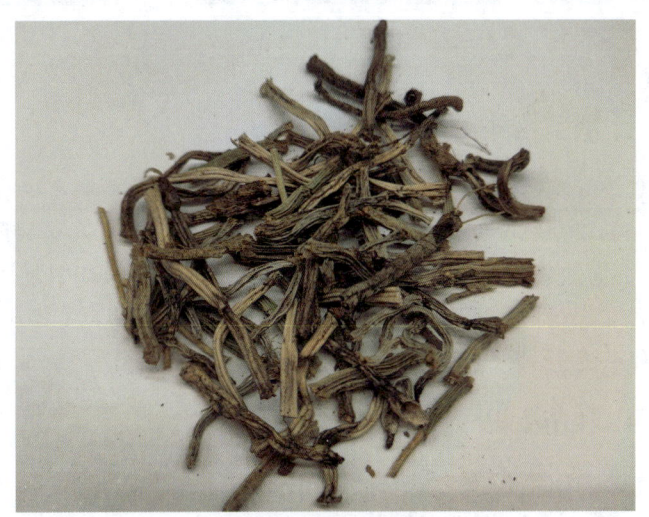
寒兰药材

一、外植体选择与消毒

寒兰组织培养通常可以采用种子作为外植体。以种子为外植体,即取当年饱满蒴果,于超净工作台内,蘸取75%酒精,移至酒精灯外焰灼烧10 s左右,无菌条件下切开蒴果,用镊子夹住果皮将种子稀疏均匀撒在诱导培养基上进行诱导培养。

二、初代诱导培养

寒兰初代诱导培养所采用的培养基为MS+1.0 mg/L 6-BA+1.0 mg/L NAA+5.0 g/L 琼脂+30.0 g/L 蔗糖+0.5 g/L AC,培养基pH为5.8。诱导培养的光照强度为2 000 lx,光照时间12 h/d,温度(24±2)℃。培养约60 d后,寒兰种子开始萌发,表现为淡黄色球状突起,萌发率为100%;继续培养30 d后,淡黄色球状突起逐渐转变成绿色的原球茎。

寒兰初代诱导

寒兰丛生芽增殖

三、增殖培养

寒兰可通过原球茎途径继续进行增殖。适于寒兰增殖培养所用培养基为 MS+5.0 mg/L 6-BA+0.5 mg/L NAA+5.0 g/L 琼脂+30.0 g/L 蔗糖+0.5 g/L AC,培养基 pH 为 5.8。为改善原球茎质量及生长情况,还可在培养基中加入适量的土豆泥、椰乳或香蕉泥等有机营养物。增殖培养时每瓶接种 4 个原球茎,约 40 d 后,原球茎大量增殖,平均增殖系数可达 15,随后长出绿色、较紧凑的丛生芽。

四、壮苗生根

寒兰的生根培养基为 1/2 MS+0.5 mg/L NAA+5.0 g/L 琼脂+30.0 g/L 蔗糖+0.5 g/L AC,培养基 pH 为 5.8。每瓶接种 5～10 个寒兰单芽,生根培养 30 d 后,寒兰组培苗生根率可达 100%,每株根数 3～5 条,根长 5～8 cm,绿色新鲜,长势良好。

寒兰壮苗生根

寒兰组培苗移栽

五、炼苗移栽

选择健壮的完整带根寒兰组培苗,松开瓶盖,在培养基表面加入薄层自来水,置室温3 d。再洗净根部培养基,移栽到体积比腐熟的松树皮∶松针腐叶土∶珍珠岩=3∶2∶1组成的混合基质中,适度遮阴,并保持湿润。生长20 d后,组培苗的成活率为100%。

何 首 乌

何首乌基原植物为蓼科 Polygonaceae 何首乌属 *Pleuropterus* 植物何首乌 *Polygonum multiflorum* Thunb.。别名夜交藤、紫乌藤、多花蓼、桃柳藤、九真藤。多年生草本植物,块根肥厚,长椭圆形,黑褐色;茎缠绕,长 2～4 m,下部木质化;叶卵形或长卵形,长 3～7 cm,宽 2～5 cm;花序圆锥状,顶生或腋生,长 10～20 cm;瘦果卵形,具 3 棱,长 2.5～3 mm,黑褐色,有光泽,包于宿存花被内。花期 8～9 月,果期 9～10 月。生于海拔 200～3 000 m 山谷灌丛、山坡林下、沟边石隙,分布于我国大多数省份,在广东、广西、江西、云南、贵州和四川等地分布广泛,也产于韩国和日本。

何首乌以干燥块根入药,味苦、甘、涩,性微温。归肝、心、肾经。具有解毒、消痈、截疟、润肠通便的功效,用于疮痈、瘰疬、风疹瘙痒、久疟体虚、肠燥便秘等症。

何首乌植株

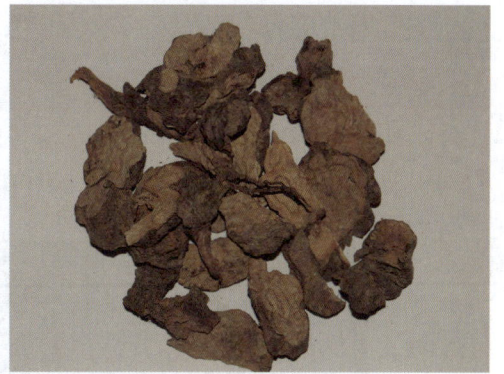
何首乌药材

一、外植体选择与消毒

目前何首乌组培常采用带芽茎段为外植体。采用带芽茎段作为外植体进行诱导时,先将何首乌茎段表面洗净去污,于超净工作台内,依次经 75% 酒精消毒 30 s,无菌水冲洗 1～3 次,体积浓度为 0.1% 的 $HgCl_2$ 消毒 10 min,用无菌水冲洗 3～5 次后,用无菌滤纸将带芽茎段表层的水分吸干,剪去两端损伤的组织,剩余茎段再剪成每段长约 1.5 cm 带腋芽的小段,置于初代培养基中进行诱导培养。

二、初代诱导培养

初代诱导采用的培养基为 MS+0.5 mg/L 6-BA+0.1 mg/L NAA+4.5 g/L 琼脂+25.0 g/L 蔗糖,培养基 pH 为 5.8。每瓶接 3~5 个外植体,外植体经过诱导培养 10 d 后开始萌芽,诱导率为 80%,30 d 可长成带叶片的不定芽。培养条件为光照强度 1 500~2 000 lx,光照时间 12 h/d,温度(24.5±1.5)℃。

何首乌初代诱导

三、增殖培养

何首乌增殖培养所用培养基为 MS+2.0 mg/L 6-BA+0.2 mg/L NAA+4.5 g/L 琼脂+25.0 g/L 蔗糖,培养基 pH 为 5.8。每瓶接 3~5 个不定芽,培养 25~30 d 后可形成丛生芽,增殖系数 7。培养条件同初代诱导培养条件。

何首乌丛生芽增殖

何首乌壮苗生根

四、壮苗生根

当丛生芽长到 5~6 cm 时,切下小芽并将其接种于 1/2 MS+0.1 mg/L NAA+4.5 g/L 琼脂+35.0 g/L 蔗糖,pH 为 5.8 的培养基中进行壮苗生根培养,一周后即可生根,三周后生根率可达 100%,组培苗粗壮且根系发达,平均根数 8,根长可达 3~5 cm。

五、炼苗移栽

挑选生长旺盛、根系发达的何首乌组培苗移入常温室内放置 3 d,再拧开盖子让试管苗与空气完全接触,其间需向瓶内加入适量的自来水以保持瓶内的水分和湿度充足。3 d 后从瓶内取出组培苗,洗净根部的培养基,移栽于灭菌后的基质上,基质为营养土∶河沙=1∶1,适度遮阴,并保持一定的湿度,移栽后成活率可达 100%。

何首乌组培苗移栽

红 果 参

红果参基原植物为桔梗科 Campanulaceae 轮钟花属 Cyclocodon 植物轮钟草 Cyclocodon lancifolius (Roxb.) Kurz。别名山荸荠、肉算盘、长叶轮钟草、轮钟花。轮钟草属直立或蔓性草本,茎高可达 3 m,中空,分枝多而长,叶对生,叶片卵形、卵状披针形至披针形,顶端渐尖,边缘具细尖齿、锯齿或圆齿。花单朵顶生兼腋生,聚伞花序,花萼仅贴生至子房下部,丝状或条形,花冠白色或淡红色,管状钟形,裂片卵形至卵状三角形;花丝与花药等长,花柱有或无毛,浆果球状,熟时紫黑色,种子极多数。花期 7~10 月。生于海拔 1500 m 以下的林中、灌丛中以及草地中,分布于我国云南、四川、贵州、湖北西部、湖南西部和南部、广西、广东、福建、台湾,印度尼西亚、菲律宾、越南、柬埔寨、缅甸、印度也有分布。

红果参以根入药,味甘、微苦,性平。具有补虚益气、祛痰止痛等功效,用于肺痨咳嗽、瘰疬、疝气等症。

红果参植株

红果参药材

一、外植体选择与消毒

以红果参种子及带芽嫩茎为外植体,将红果参种子或茎段洗净,在超净工作台内,将枝条剪成长 1.5 cm 的带芽嫩茎放置培养瓶中,种子和茎段分别消毒,分别用 75% 酒精浸泡摇动处理 60 s 和 40 s,无菌水冲洗 1 遍,再分别用 0.1% $HgCl_2$ 溶液浸泡 12 min 和 8 min,最后均用无菌水冲洗 3 遍,放入灭菌培养皿中待用。

二、初代诱导培养

以 MS 为红果参初代诱导基本培养基,以种子为外植体诱导时,添加 1.5 mg/L 6-BA+6.0 g/L 琼脂+30.0 g/L 蔗糖,培养基 pH 为 5.8,以茎段为外植体时,添加 0.5 mg/L 6-BA+6.0 g/L 琼脂+30.0 g/L 蔗糖,培养基 pH 为 5.8。每瓶接种 5 个外植体。初代培养 30 d 后,均有不定芽产生,种子萌发率为 82.5%,茎段诱导率为 95%。培养温度为 (25±3)℃,光照强度为 1 500~2 000 lx,光照时间为 10~12 h/d。

红果参种子初代诱导

红果参嫩茎初代诱导

红果参种子萌发出苗

三、增殖培养

将长势良好的不定芽剪切成约 2 cm 长接入固体增殖培养基 MS＋0.5 mg/L 6-BA＋0.2 mg/L NAA＋5.0 g/L 琼脂＋30.0 g/L 蔗糖上培养,培养基 pH 为 5.8,促进丛生芽增殖,每瓶接种 5 个单芽,培养 30 d 后长出丛生芽 4～6 个,茎粗壮、叶片较大。培养条件与初代诱导培养条件相同。

红果参丛生芽

红果参壮苗生根

四、壮苗生根

当红果参丛生芽长至 3～5 cm 时,切成单芽,接入生根培养基 1/2 MS+0.5 mg/L IBA+4.5 g/L 琼脂+30.0 g/L 蔗糖中壮苗生根培养,培养基 pH 为 5.8,每瓶接种 5 单芽,30 d 后,诱导出白色根,生根较快,根系健壮,生根率高达 100%。培养条件与初代诱导培养条件相同。

五、炼苗移栽

当组培苗具有 4 或 5 片叶,3 或 4 条根以上时即可移栽。选择生长良好、整齐、健壮的瓶苗,打开瓶盖,注入 10～20 ml 自来水,于室内自然光下炼苗 10 d。用清水洗净附在根部的培养基,移栽到田园土：腐殖土=2：1 的基质中并充分搅拌,用水淋透,30 d 移栽成活率达 90% 以上。

红果参组培苗移栽

红 景 天

红景天基原植物为景天科 Crassulaceae 红景天属 Rhodiola 植物大花红景天 Rhodiola crenulata（Hook. f. et Thoms.）H. Ohba。别名宽瓣红景天、宽叶景天、圆景天、圆齿红景天、索洛玛保等,为国家二级重点保护植物。多年生草本,株高 5～20 cm；花茎直立或扇状排列；叶宽倒卵形；伞房状花序,花大形,有长梗,雌雄异株；种子倒卵形。生于海拔 2 800～5 600 m 的山坡草地、灌丛中、石缝中,分布于我国西藏、云南西北部、四川西部,尼泊尔、不丹也有分布。

大花红景天以干燥根和根茎入药,味甘、苦,性平。归肺、心经。具有益气活血、通脉平喘的功效,用于气虚血瘀、胸痹心痛、中风偏瘫、倦怠气喘等症。

大花红景天植株

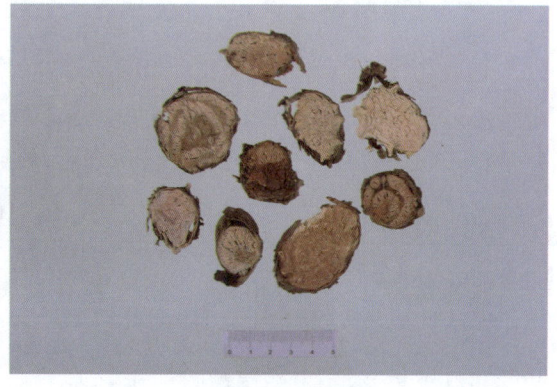
大花红景天药材

一、外植体选择与消毒

大花红景天组织培养可以使用种子、叶片、幼茎、茎尖、花芽等为外植体,这里以嫩叶为外植体进行说明。先洗净大花红景天嫩叶,于超净工作台内,用75%酒精消毒30 s,并用无菌水冲洗一遍;再将其置于加有1或2滴吐温-20的0.2% $HgCl_2$ 溶液中浸泡10~12 min,再用无菌水浸洗2次;最后,用无菌滤纸吸干叶片表面水分,在无菌条件下将其切割成0.5 cm见方的小块,上表皮朝上平铺于初代诱导培养基上进行培养。

二、初代诱导培养

大花红景天初代诱导培养所用培养基为MS+0.5 mg/L 6-BA+0.2 mg/L NAA+5.0 g/L 琼脂+30.0 g/L 蔗糖,培养基pH为5.8。平均光照强度2 500 lx,光照时间12 h/d,温度(24±2)℃。诱导培养15 d后,叶片边缘隆起淡黄色颗粒状突起,30 d后,长成明显带叶黄绿色不定芽,不定芽诱导率为95%。

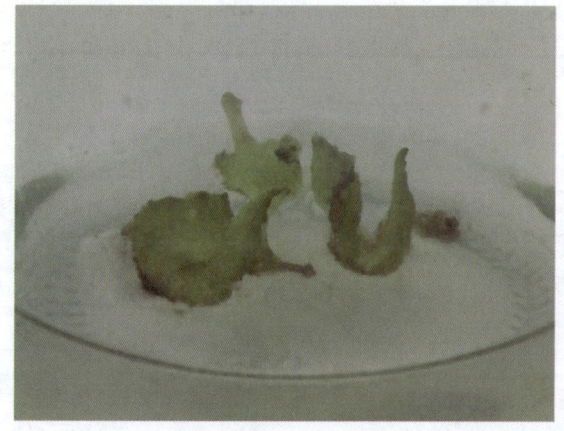
大花红景天初代诱导

大花红景天丛生芽增殖

三、增殖培养

切取初代诱导培养的大花红景天不定芽,转接至增殖培养基 MS+0.2 mg/L 6-BA+0.05 mg/L NAA+5.0 g/L 琼脂+30.0 g/L 蔗糖,培养基 pH 为 5.8。每瓶接种 4 个单芽,培养约 15 d,开始长出丛生芽,增殖 30 d 后,单芽的平均增殖倍数为 25。

四、壮苗生根

选择株高 3~5 cm 的健壮的大花红景天丛生芽,分离、转接至生根培养基 B5+0.5 mg/L IBA+5.0 g/L 琼脂+30.0 g/L 蔗糖,培养基 pH 为 5.8。培养 20 d 左右,开始长出大量红色根系,生根率达 90% 以上。

大花红景天壮苗生根

大花红景天组培苗移栽

五、炼苗移栽

取出完整大花红景天带根组培苗,洗净根部培养基,先移栽到蛭石中,遮阴保湿,炼苗 7 d 左右。再移植至由珍珠岩:椰糠=1:1 的混合基质中,适度遮阴,保持湿润,生长约 30 d,组培苗成活率达 95% 以上。

红 大 戟

红大戟基原植物为茜草科 Rubiaceae 红芽大戟属 *Knoxia* 植物红大戟 *Knoxia roxburghii*(Spreng.)M. A. Rau。别名假红芽大戟、南大戟、广大戟、紫大戟、红芽戟。块根纺锤形,1~3 个;茎稍呈蔓状,具槽。叶对生;叶片长椭圆形或线状披针形,叶脉被疏柔毛;托叶 2~4 裂,裂片钻形;顶生聚伞花序,花小,多为淡紫红色或有时白色;花萼 4 齿裂;花冠筒状漏斗形,先端 4 裂;雄蕊 4;果实小,卵形或椭圆形,有 4~8 棱。花期 8~9 月,果期10～11月。生于海拔900～1500 m的山谷林中或灌丛、草丛中,分布于福建、台湾、广东、广西、贵州、云南及西藏等地。

红大戟以干燥块根入药,味苦,性寒。具有泻水、解毒、散结的功效,用于胸腹积水、痰饮喘满、水肿腹胀、二便不利、痈肿疮毒等症。

红大戟植株

红大戟药材

一、外植体选择与消毒

选取健壮无病虫害红大戟植株,剪取含有三个茎段的顶芽作为外植体。用自来水将外植体冲洗干净,在超净工作台内,用0.1% $HgCl_2$(加1或2滴表面活性物质吐温-20)消毒8 min,再用无菌水冲洗4或5次,每次5 min。

二、初代诱导培养

切取长度为1 cm左右的嫩芽接种于诱导培养基MS+2.0 mg/L 6-BA+0.4 mg/L NAA+5.0 g/L琼脂+30.0 g/L蔗糖上,培养基pH为5.8,培养15 d后,出现绿点或长出小不定芽,诱导率均达100%。培养温度为26～28℃,光照强度1500～2000 lx,光照时间10 h/d。

红大戟初代诱导

红大戟增殖

三、增殖培养

将红大戟不定芽茎段接种在 MS+1.5 mg/L 6-BA+0.2 mg/L IAA+0.2 mg/L NAA+5.0 g/L 琼脂+30.0 g/L 蔗糖+0.3 g/L AC 的培养基上培养,培养基 pH 为 5.8,产生丛生芽的概率较高,增殖倍数可达 10.3,植株健壮,芽苗质量好。培养条件与初代诱导培养条件相同。

四、壮苗生根

将生长健壮的组增殖苗剪切成单一茎段接入红大戟生根培养基中,最佳的生根培养基为 1/2 MS+0.75 mg/L IBA+0.2 mg/L PP333+5.0 g/L 琼脂+30.0 g/L 蔗糖,培养基 pH 为 5.8,培养 30 d 生根率达到 100%,平均生根数为 6.7 条。培养条件与初代诱导培养条件相同。

红大戟壮苗生根

五、炼苗移栽

将已生根的红大戟组培苗开盖炼苗 2~3 d,洗净根部培养基,移栽于消过毒的泥炭土∶珍珠岩=1∶1 的混合基质上,置于透光度为 75% 育苗棚中,每天喷洒少量的水,30 d 后移栽成活率达 92%。

红大戟组培苗移栽

花榈木

花榈木基原植物为豆科 Fabaceae 红豆属 *Ormosia* 植物花榈木 *Ormosia henryi* Prain。别名红豆树、臭桶柴、花梨木、亨氏红豆、马桶树、烂锅柴、硬皮黄檗,为国家二级重点保护植物。常绿乔木,树皮灰绿色,平滑,有浅裂纹;奇数羽状复叶,椭圆形或长圆状椭圆形;圆锥花序顶生;荚果扁平,长椭圆形果瓣革质,紫褐色,内壁有横膈膜,有种子 4~8 粒,种子长 8~15 mm,种皮鲜红色。花期 7~8 月,果期 10~11 月。生于海拔 100~1 300 m 山坡、溪谷两旁杂木林内,常与杉木、枫香、马尾松、合欢等混生,分布于安徽、浙江、江西、湖南、湖北、广东、四川、贵州、云南等地。

花榈木以根、根皮、茎及叶部位入药,性辛、温,有毒。具有祛风散结、解毒去瘀的功效,用于止痛、杀菌、杀虫等症。

花榈木植株

一、外植体的选择与消毒

花榈木组织培养以种子作为外植体,选取饱满健康的花榈木种子并洗净晾干。在超净工作台内将种子浸泡在 75% 酒精中灭菌 30 s,倒出酒精,用无菌水冲洗 3~5 次,随后使用 0.1% $HgCl_2$ 溶液(加 1 或 2 滴表面活性物质吐温-20)浸泡消毒种子 10~15 min,捞出,用无菌水浸洗 3 次,每次 5 min,用无菌纸将实验种子表层的水分吸干,然后置于 MS 培养基上进行萌发培养,平均光照强度 2 000 lx,光照时间 12 h/d,温度 (24±2)℃。

花榈木种子外植体

二、初代诱导培养

花榈木的初代诱导采用的培养基为 MS+0.5 mg/L GA_3,培养基 pH 为 5.8,将花榈木种子接入诱导培养基中培养,培养 30 d 后,发芽诱导率为 100%,培养条件平均光照强度 2 000 lx,光照时间 12 h/d,温度(24±2)℃。

花榈木初代诱导

三、增殖培养

花榈木不定芽的适宜增殖培养基是 MS+2.0 mg/L 6-BA+0.5 mg/L NAA,花榈木不定芽在增殖培养基中培养 30 d 后产生,每个不定芽可以分化出丛生芽 5~15 个。

花榈木丛生芽增殖

四、壮苗生根

选取增殖培养后生长发育良好且株高大于 3.5 cm 的花榈木丛生芽进行生根培养,生根培养基为 1/2 MS+0.2 mg/L NAA+0.5 g/L AC,培养基 pH 为 5.8,每瓶 5～10 个单芽,30 d 后花榈木组培苗生根率与生根数较好,且主根健壮。

花榈木壮苗生根

五、炼苗移栽

温室与无菌培养室内的培养条件差异较大,组培苗从无菌、温度与光照恒定、湿度接近饱和的环境中转移到有菌、自养、环境因子多变的环境中,需要炼苗降低组培苗死亡率。将生长发育良好的花榈木组培苗移出无菌培养室,自然光下炼苗 2～3 d 后打开瓶盖,常温下炼苗 2 d,然后将完整带根花榈木组培苗取出,洗净其根部附着培养基,移栽到消毒的蛭石中,适度遮阴,保持生长环境湿度 70%～80%,温度 20～25 ℃。

花榈木组培苗移栽

化 橘 红

化橘红基原植物为芸香科 Rotaceae 柑橘属 *Citrus* 植物化州柚 *Citrus maxima* 'Tomentosa' 或柚 *Citrus grandis* (L.) Osbeck。枝条粗壮,幼枝绿色,有小刺;叶互生,有透明油点,单生复叶,叶柄有关节;果被柔毛,果皮比其他品种厚,果肉浅黄白色,味酸带苦,不堪生食。花期4月,果期10~11月,物候期是每年10月下旬至12月下旬。栽培于丘陵或低山地带,分布于广东、广西、湖南、四川、贵州、云南等地,其中以广东化州产最为著名,化橘红因而得名。

化橘红以未成熟或近成熟的干燥外层果皮入药,味辛、苦,性温。归肺、脾经。具有理气宽中、燥湿化痰的功效,用于咳嗽痰多、食积伤酒、呕恶痞闷等症。

化州柚植株

化橘红药材

一、外植体选择与消毒

化州柚组培时,常采用生长健壮、健康无病毒的化州柚幼嫩茎段作为外植体,剪成长

2 cm 左右的带腋芽小茎段,放在添加有 1% 洗衣粉的洗涤液中浸泡 5~8 min,置于自来水下用细流水冲洗 15 min 左右,直到泡沫冲洗干净。处理完毕,材料移至超净工作台上。用无菌水冲洗一遍,用 75% 酒精消毒 30 s,其间不停摇晃,然后用无菌水冲洗 3~5 次,再用 $HgCl_2$ 灭菌 6~7 min,用无菌水冲洗 5 次,取出,放在经高压灭菌的不锈钢浅盘中,茎段切去末端组织,即完成前期处理。然后接种于 MS 培养基中进行初代诱导,培养室的培养温度为 (23 ± 2) ℃,光照时间 12 h/d,光照强度 1 500~2 500 lx。

二、初代诱导培养

以 MS+1.5 mg/L 6-BA+0.5 mg/L NAA+1.0 mg/L KT+5.0 g/L 琼脂+25.0 g/L 蔗糖的培养基组合为化州柚茎段诱导最佳组合,芽启动时间为 8 d。培养 30 d 后,不定芽诱导率为 86.7%,化州柚不定芽健壮,叶绿,长势好。

化州柚初代诱导

三、增殖培养

化州柚不定芽在增殖扩繁过程中容易玻璃化,增殖系数降低。经过摸索,以 MS+0.5 mg/L 6-BA+0.5 mg/L NAA+5.0 g/L 琼脂+25.0 g/L 蔗糖(也可添加 0.5 g/L AC)培养基组合的增殖效果最好,丛生芽长势较好,增殖系数 3.3 以上。

化州柚增殖

四、壮苗生根

用不同激素配比对化州柚丛生芽进行壮苗生根培养,以 1/2 MS＋1.0 mg/L IBA＋0.5 mg/L NAA＋5.0 g/L 琼脂＋25.0 g/L 蔗糖＋1.0 g/L AC 的组合生根效果最好,平均生根时间为 28 d,根数 1 或 2 条。化州柚为木本植物,生根过程中根数都偏少,基本都是 1 或 2 条,只是根系长度不一样。

化州柚壮苗生根

五、炼苗移栽

经生根培养后,挑选生长旺盛、根系发达的化州柚组培苗移入常温室内放置,松开盖子 2 d 后掀开盖子让化州柚组培苗与空气完全接触,其间需向瓶内的组培苗洒水保持瓶内湿度。3 d 后从瓶内取出组培苗,洗净根部的培养基,移入装有已消毒的泥炭土∶羊粪土∶珍珠岩＝2∶1∶1 的混合基质上,适度遮阴,并保持一定的湿度,30 d 后化州柚组培苗成活率为 70.1％以上。

化州柚组培苗移栽

火 焰 兰

火焰兰基原植物为兰科 Orchidaceae 火焰兰属 *Renanthera* 植物火焰兰 *Renanthera coccinea* Lour.。别名肾药兰、红珊瑚、山观带、山裙带,为国家二级重点保护植物,被誉为兰花中的"大熊猫"。多年生大型附生草本,茎单轴通常不分枝,茎呈圆柱形且质地坚硬粗壮,茎具攀附性,茎长 1 m 以上可附生高度 2 m 以上;叶二列,互生,舌形或长圆形,硬革质,先端 2 圆裂,基部抱茎且下延为抱茎的鞘;圆锥花序或总状花序,花火红色,花瓣边缘内侧具橘黄色斑点,花疏生多数。花期 4~6 月。攀援附生于海拔 1400 m 的开阔疏林或沟边林缘的树干和岩石之上,分布于中国(云南、海南、广西)、缅甸、泰国、老挝和越南等地。

火焰兰以全草入药,味苦、辛,性平。具有祛风除湿、活血化瘀的功效,用于风湿痹痛、骨折等症。

火焰兰植株及花

火焰兰药材

一、外植体选择与消毒

火焰兰组培时选择 2 cm 带顶芽茎段为外植体。在超净工作台内将茎段置于 0.1% $HgCl_2$ 溶液浸泡消毒 5～7 min，无菌水浸洗 4 或 5 次，无菌纸吸干表层水分，然后接种于 MS 培养基上进行初代诱导培养。

二、初代诱导培养

初代诱导采用 MS+3.0 mg/L 6-BA+0.5 mg/L NAA+0.5 mg/L AC 培养基，培养 25 d 后顶芽开始萌动，培养 45 d 后长出嫩芽，不定芽诱导率为 95%。培养条件为平均光照强度 2 000 lx，光照时间 12 h/d，温度 (24±2)℃。

火焰兰初代诱导

三、增殖培养

将初代诱导产生的不定芽接种到 MS+3.0 mg/L 6-BA+3.0 mg/L NAA+0.5 mg/L AC 增殖培养基上，培养 30 d 后生出 3 或 4 个丛生芽，单芽的增殖系数为 3.5 以上。

火焰兰增殖

四、壮苗生根

将增殖培养的高度在 2 cm 以上的丛生芽切下,接种于 1/2 MS+0.2 mg/L 6-BA+1.0 mg/L NAA+0.5 mg/L AC 生根培养基上,30 d 后试管苗生根率达 100%,根系发育较好。

火焰兰壮苗生根

五、炼苗移栽

移栽前将生长健壮且根系发达的生根火焰兰组培苗移至温室,打开瓶盖炼苗,炼苗 7 d 后,流水洗净根系残留的培养基,栽种于已消毒的营养土:珍珠岩=2:1 的混合基质中,保持一定湿度,移栽 30 d 后,组培苗移栽成活率达 95% 以上,长势良好。

火焰兰组培苗移栽

鸡 血 藤

鸡血藤基原植物为豆科 Fabaceae 密花豆属 Spatholobus 植物密花豆 Spatholobus suberectus Dunn。别名密花藤、九层风、三叶鸡血藤、猪血藤、血风藤等。《中国药用植物红皮书》收录。木质攀援藤本,幼时呈灌木状;小叶纸质或近革质;圆锥花序腋生或生于小枝顶端,花序轴、花梗被黄褐色短柔毛;苞片和小苞片线形,宿存;花萼短小;花瓣白色;雄蕊内藏;花药球形;子房下面被糙伏毛;荚果近镰形,密被棕色短绒毛;种子扁长圆形。生于海拔 800~1 700 m 的山地疏林或密林沟谷或灌丛中,分布于云南、广西、广东和福建等地。

鸡血藤以干燥藤茎入药,味苦、甘,性温。归肝、肾经。具有活血补血、调经止痛、舒筋活络的功效,用于月经不调、痛经、经闭、风湿痹痛、麻木瘫痪、血虚萎黄等症。

密花豆植株　　　　　　　　鸡血藤药材

一、外植体选择与消毒

密花豆组织培养常采用嫩茎茎尖作为外植体。将密花豆茎尖洗净,于超净工作台内先后用 75% 酒精表面消毒 10 s,再用 10% 次氯酸钠消毒 10 min,并用无菌水冲洗一遍;然后,用无菌滤纸吸干茎尖表面水分,将其接种于诱导培养基上进行培养。

二、初代诱导培养

密花豆初代诱导所用培养基为 MS+2.0 mg/L KT+0.5 mg/L IBA+5.0 g/L 琼脂+30.0 g/L 蔗糖,培养基 pH 为 5.8。光照强度 2 000 lx,光照时间 12 h/d,温度 (24 ± 2) ℃。培养 15 d,茎尖基部开始出现淡黄色疣状突起;培养 30 d 后,突起长成绿色不定芽,不定芽诱导率在 60%。

密花豆初代诱导

三、增殖培养

切取初代诱导的密花豆不定芽,转接至密花豆增殖培养基 MS+1.5 mg/L TDZ+0.4 mg/L IBA+0.2 mg/L KT+5.0 g/L 琼脂+30.0 g/L 蔗糖,培养基 pH 为 5.8。每瓶接种 1 个单芽。30 d 后,开始出现密集、黄绿色丛生芽芽点,随后芽和叶逐渐长大变绿,每个单芽平均增殖倍数为 10。

密花豆丛生芽增殖　　　　　　　　密花豆壮苗生根

四、壮苗生根

密花豆的生根培养基为 MS+0.2 mg/L 2,4-D+1.0 mg/L NAA+5.0 g/L 琼脂+15.0 g/L 蔗糖,培养基 pH 为 5.8。将密花豆丛生芽切成单芽,每瓶接种 1~3 个单芽,转接至生根培养基,培养 25 d 后芽基部开始长白色突起根尖;40 d 后,密花豆组培苗生根率达 100%,根数 1~3 条。

五、炼苗移栽

打开密花豆完整带根组培苗的瓶盖,向培养基表面加少量自来水,室温下炼苗 4~7 d。

待幼苗根表面形成角质层后,取出幼苗,洗净根部培养基,移栽到腐熟有机质基质中,适度遮阴,保持湿润,生长约30 d,移栽苗成活率95%以上。

密花豆组培苗移栽

积雪草

积雪草基原植物为伞形科 Apiaceae 积雪草属 Centella 植物积雪草 Centella asiatica (L.) Urb.。别名雷公根、崩大碗、铁灯盏等。多年生草本,茎匍匐,细长,节上生根;叶片膜质至草质,圆形、肾形或马蹄形,长 1~2.8 cm,宽 1.5~5 cm,边缘有钝锯齿,叶无毛或上部有柔毛,基部叶鞘透明,膜质;伞形花序梗;花瓣卵形,紫红色或乳白色,膜质,花丝短于花瓣,与花柱等长;果实两侧扁压,圆球形,基部心形至平截形,每侧有纵棱数条,棱间有明显的小横脉,网状,表面有毛或平滑。花果期 4~10 月。生于海拔 200~1 900 m 的阴湿的草地或水沟边,分布于我国陕西、江苏、安徽、浙江、江西、湖南、湖北、福建、台湾、广东、广西、四川、云南等地。此外,印度、斯里兰卡、马来西亚、印度尼西亚、大洋洲群岛、日本、澳大利亚及中非、南非也有分布。

积雪草植株

积雪草药材

积雪草以干燥全草入药,味苦、辛,性寒。归肝、脾、肾经。具有清热利湿、解毒消肿的功效,用于湿热黄疸、中暑腹泻、石淋血淋、痈肿疮毒、跌打损伤等症。

一、外植体选择与消毒

积雪草组培时常采用茎段和叶片作为外植体。接种前,选取生长健壮、无病虫害的积雪草茎段或嫩绿叶片,将茎段剪成 1~2 cm 的带腋芽小茎段,然后将叶片和茎段分别放入装有洗洁精洗涤液的培养瓶中浸泡 6~8 min,后将其于自来水下用细流水冲洗 15 min 左右,直至将泡沫充分洗净。后续操作移至超净工作台上进行。先用无菌水将茎段、叶片分别冲洗 5 次,再用体积分数为 75% 的酒精进行表面消毒,茎段、叶片酒精消毒时间均为 30 s,再用无菌水冲洗 3~5 次,最后用 0.1% $HgCl_2$ 灭菌,茎段灭菌时间为 7 min,叶片灭菌时间为 6 min,然后再用无菌水冲洗 5 次,取出放在经过高压蒸汽灭菌的不锈钢浅盘上。茎段剪去末端部分组织,叶片在背面划痕切成 1 cm 左右小方块状,供接种用。培养室的平均光照强度为 2 000 lx,光照时间为 12 h/d,温度(24±2)℃。

二、初代诱导培养

综合萌发所需时间、萌发率以及生长状态等因素,以 MS+1.0 mg/L 6-BA+0.5 mg/L KT+0.1 mg/L NAA+5.0 g/L 琼脂+25.0 g/L 蔗糖组合效果最好,出芽快,萌发率高达 97.3%,芽整齐且粗壮。

在诱导积雪草叶片愈伤组织的培养基中,所有培养基中均含有 TDZ 和 NAA。最适合积雪草愈伤诱导的培养基为 MS+1.5 mg/L TDZ+0.5 mg/L NAA+5.0 g/L 琼脂+30.0 g/L 蔗糖,愈伤组织诱导整齐,成芽最快。

积雪草初代诱导

三、增殖培养

添加不同激素后积雪草不定芽基部均容易出现愈伤组织。其中,添加了 TDZ 的培养基中不定芽分化较为明显,由此可见在培养基中添加 TDZ 更有利于积雪草不定芽的增殖。最合适积雪草不定芽增殖为丛生芽的培养基为 MS+0.3 mg/L 6-BA+0.2 mg/L

TDZ+5.0 g/L 琼脂+25.0 g/L 蔗糖,28 d 后,积雪草不定芽平均增殖系数为 7。

积雪草增殖

四、壮苗生根

积雪草丛生芽壮苗生根过程中,先是茎段基部慢慢膨大出现愈伤,再由基部膨大的位置生根。生根时间大约为 20 d,最适合积雪草生根的培养基为 1/2 MS+0.05 mg/L 6-BA+0.8 mg/L NAA+5.0 g/L 琼脂+25.0 g/L 蔗糖+0.5 g/L AC,生根率达 92.5%以上。

积雪草壮苗生根

五、炼苗移栽

经生根培养后,挑选生长旺盛、根系发达的积雪草组培苗移入常温室内放置,松开盖子 2 d 后揭开盖子让积雪草组培苗与空气完全接触,其间需向瓶内的植株苗洒水保持瓶内湿度。3 d 后从瓶内取出积雪草组培苗,洗净根部的培养基,移入已消毒的泥炭土∶蛭石=1∶3 的基质上,适度遮阴,并保持一定的湿度,30 d 后积雪草组培苗成活率为 93%以上。

积雪草组培苗移栽

姜 黄

姜黄基原植物为姜科 Zingiberaceae 姜黄属 Curcuma 植物姜黄 Curcuma longa L. [Curcuma domestica L.]。别名宝鼎香、黄姜、毛姜黄、宝鼎香、黄丝郁金等,药材名同植物名,商品药材也有以郁金 Curcuma aromatica Salisb. 为基原植物。多年生草本,株高 1～1.5 m;根茎发达,成丛,椭圆形或圆柱状,橙黄色;叶片长圆或椭圆形,绿色,两面无毛;花葶由叶鞘内抽出,总花梗长 12～20 cm;穗状花序圆柱状,长 12～18 cm,直径 4～9 cm;苞片卵形或长圆形,淡绿色;花萼白色;花冠淡黄色,管长达 3 cm,上部膨大,裂片三角形,长 1～1.5 cm,后方的 1 片较大,具细尖头。花期 8 月。生于向阳之地,分布于我国台湾、福建、广东、广西、云南、西藏,以及东南亚等地区。

姜黄植株

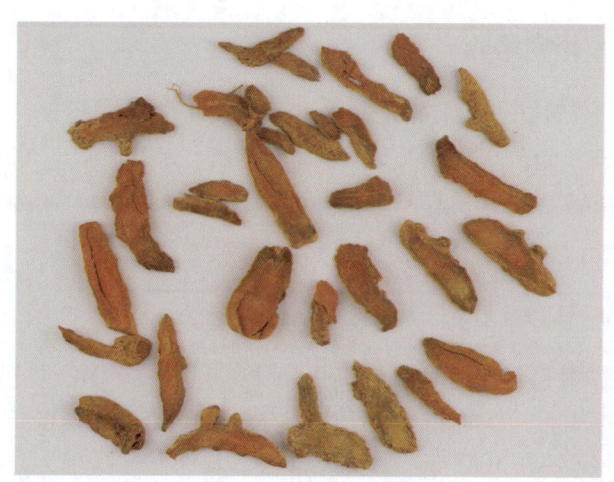

姜黄药材

姜黄以干燥根茎入药,性温,味辛、苦,归脾、肝经。具有破血行气、通经止痛的功效,用于胸胁刺痛、胸痹心痛、痛经经闭、癥瘕、风湿肩臂疼痛、跌扑肿痛。

一、外植体选择与消毒

姜黄组织培养常采用地下块茎作为外植体。先洗净姜黄块茎,于超净工作台内,用75%的酒精消毒30 s,再置于加有1或2滴吐温-20的0.2% HgCl$_2$溶液中浸泡15~20 min;接着用无菌水浸洗2次;最后,用无菌滤纸吸干块茎表面水分,置于初代培养基上进行培养。

二、初代诱导培养

姜黄初代诱导培养所用培养基为MS+1.5 mg/L 6-BA+0.2 mg/L IBA+0.2 mg/L KT+5.0 g/L琼脂+30.0 g/L蔗糖,培养基pH为5.8。为有效防止污染,可于培养基中加入0.2 g/L多菌灵。平均光照强度2 000 lx,光照时间12 h/d,温度(24±2)℃。每瓶接种1个块茎,培养30 d后,不定芽诱导率在95%以上。

姜黄初代诱导

姜黄丛生芽增殖

三、增殖培养

切取初代诱导培养所得姜黄不定芽的芽尖,转接至增殖培养基MS+2.0 mg/L TDZ+0.2 mg/L IBA+0.2 mg/L KT+5.0 g/L琼脂+30.0 g/L蔗糖,培养基pH为5.8。每瓶接种4个单芽,培养20 d后开始出现丛生芽,30 d后,丛生芽绿色、健壮,平均增殖倍数为10。

四、壮苗生根

姜黄壮苗培养基为MS+1.0 mg/L 6-BA+0.2 mg/L IAA+5.0 g/L琼脂+30.0 g/L蔗糖,培养基pH为5.8。分离前述丛生芽至壮苗培养基培养20 d,再转入生根培养基MS+0.2 mg/L IAA+0.2 mg/L NAA+5.0 g/L琼脂+30.0 g/L蔗糖,培养基pH为5.8。每瓶接种3~5个单芽,生根培养25 d后,姜黄试管苗生根率达100%,根系新鲜发达。

姜黄壮苗生根

姜黄组培苗移栽

五、炼苗移栽

选取健壮的姜黄完整生根组培苗,洗净组培苗根部培养基,直接将其移栽到蛭石中,适度遮阴,保持湿润,生长 30 d,姜黄组培苗成活率为 100%。

降 香

降香基原植物为豆科 Fabaceae 黄檀属 Dalbergia 植物降香 Dalbergia odorifera T. Chen。别名降香檀、花梨母,国家二级重点保护植物。乔木,高 10~15 m;树皮褐色或淡褐色,粗糙,有纵裂槽纹;小枝有小而密集皮孔;羽状复叶,近革质,卵形或椭圆形;圆锥花序腋生,由多数聚伞花序组成,花冠乳白色或淡黄色;荚果舌状长圆形,长 4.5~8 cm,宽 1.5~1.8 cm,果瓣革质,对种子的部分明显凸起,状如棋子,1 或 2 粒。生于中海拔有山坡疏林中、林缘或标旁旷地上,分布于海南中部和南部。

降香植株

降香以树干和根的干燥心材入药,味微苦,性辛、温。归肝、脾经。具有化瘀止血、理气止痛的功效,用于吐血、衄血、外伤出血、肝郁胁痛、胸痹刺痛、跌打伤痛、呕吐腹痛等症。

降香药材

一、外植体选择与消毒

降香组织培养采用种子作为外植体。采用种子作为外植体进行诱导时,首先洗净降香种子,在超净工作台中采用浓度为75%酒精灭菌30 s,用无菌水涮洗干净,将洗净的种子置于0.1% $HgCl_2$ 溶液(加1或2滴表面活性物质吐温-20)浸泡消毒10~15 min,倒出 $HgCl_2$ 溶液,用无菌水浸洗2次,每次浸洗5 min,再用无菌纸将种子表层的水分吸干,然后置于MS培养基上进行培养。

二、初代诱导培养

降香初代诱导培养基为MS+0.5 mg/L GA_3+5.0 g/L琼脂+30.0 g/L蔗糖,培养基pH为5.8。将消毒处理后的降香种子接入诱导培养基中培养,对降香不定芽诱导实施改进与优化,培养30 d后,种子发芽诱导率为100%,在平均光照强度2 000 lx下培养,光照时间12 h/d,温度(24±2)℃。

三、增殖培养

降香不定芽适宜的增殖培养基为MS+1.5 mg/L 6-BA+0.2 mg/L IAA+0.2 mg/L KT+1 g/L AC+5.0 g/L琼脂+30.0 g/L蔗糖,培养基pH为5.8。在增殖培养基中培养30 d后,单个降香不定芽生长出5~8个较粗壮、翠绿的丛生芽。

降香丛生芽增殖

四、壮苗生根

降香的壮苗生根培养基为 1/2 MS＋0.2 mg/L IAA＋0.5 mg/L NAA＋5.0 g/L 琼脂＋30.0 g/L 蔗糖＋0.5 g/L AC,培养基 pH 为 5.8。每瓶接种 4～6 个单个丛生芽,40 d 后降香生根苗生根率与生根数较好,其生根率达到 100%,主根发达,根系粗壮,须根数量较多。

降香壮苗生根

五、炼苗移栽

将生长旺盛、根系发达的降香组培苗进行出瓶移栽。把组培苗放入温室中,打开瓶盖,进行炼苗。7 d 后,将组培苗取出,洗净组培苗根部的培养基,用 800 倍多菌灵水溶液快速浸蘸消毒后移栽到蛭石中,用塑料薄膜适度遮阴,保持蛭石的湿润,15 d 后去掉塑料薄膜,生长 40 d 后统计降香组培苗成活率达 90%。

降香组培苗移栽

金花茶

金花茶植株

金花茶基原植物为山茶科 Theaceae 山茶属 Camellia 植物金花茶 Camellia petelotii var. petelotii、小果金花茶 C. petelotii var. microcarpa 或显脉金花茶 Camellia euphlebia Merr. ex Sealy。国家二级重点保护植物。多年生灌木,高 2～3 m,嫩枝无毛,叶革质,长圆形、披针形或倒披针形,长 9～18(～23)cm,宽 3～6 cm;花黄色,腋生,花瓣近圆形,直径 5～6 cm;花梗 10～15 mm,苞片 8～10 个;萼片无毛;蒴果扁三角球形,3 房。生于非钙质土的山地常绿林,分布于我国广西省及越南北部地区。

金花茶以干燥叶和花入药。以叶入药,味微苦、涩,性平。归肺、肝、膀胱经。具有清热解毒、利尿消肿、防止动脉粥样硬化等功效,用于痈肿疮毒、咽喉肿痛、水肿淋浊、黄疸、小便不利等症。以花入药,味涩,性平。具有收敛止血的功效,用于便血、月经过多等症。

金花茶药材

一、外植体选择与消毒

金花茶组织培养可以采用种子、叶片、子叶胚、胚根、种胚、顶芽、花药、花丝、茎尖、茎段等作为外植体,这里以种子作为外植体为例。先将金花茶种子洗净,再于超净工作台内用 75% 酒精消毒 30 s,然后将其置于加有 1 或 2 滴吐温-20 的 0.1% $HgCl_2$ 溶液中浸泡 10～15 min,再接种于诱导培养基上进行培养。

二、初代诱导培养

金花茶诱导培养所用培养基为 MS+0.5 mg/L GA$_3$+5.0 g/L 琼脂+30.0 g/L 蔗糖,培养基 pH 为 5.8。在光照强度 2 000 lx,光照时间 12 h/d,温度(24±2)℃下培养。诱导培养 45 d 后,种子开始发芽,60 d 后发芽率为 80%。

金花茶初代诱导

金花茶丛生芽增殖

三、增殖培养

切取种子诱导的金花茶不定芽,转接至增殖培养基 WPM+2.0 mg/L TDZ+0.2 mg/L IBA+0.2 mg/L KT+5.0 g/L 琼脂+30.0 g/L 蔗糖,培养基 pH 为 5.8。每瓶接种 1 个芽,增殖培养 25 d 后,茎段基部开始长出绿色小芽;40 d 后,丛生芽长大,叶片伸展,每个不定芽的平均增殖倍数为 8。

四、壮苗生根

选择长度 3 cm 以上的金花茶丛生芽,先后转接至生根培养基 1/2 MS+4.0 mg/L IAA+5.0 g/L 琼脂,培养基 pH 为 5.8 和 1/2 MS+4.0 mg/L IAA+5.0 g/L 琼脂

金花茶壮苗生根

金花茶组培苗移栽

＋30.0 g/L 蔗糖,培养基 pH 为 5.8。每瓶接种 1 个芽,其中在无糖生根培养基中培养 7 d,再转入含糖生根培养基继续培养 30 d,丛生芽的基部开始长出粗壮的红色根,40 d 后生根率达 80%。

五、炼苗移栽

选取生长健壮株高 5 cm 左右的金花茶完整组培苗,洗净根部培养基,先移栽到蛭石中,遮阴保湿,炼苗 7 d。再移栽至由黄泥∶椰糠＝2∶1 的基质中,适度遮阴,保持湿润,生长 30 d,幼苗成活率为 100%。

金 荞 麦

金荞麦基原植物为蓼科 Polygonaceae 荞麦属 *Fagopyrum* 多年生草本植物金荞麦 *Fagopyrum dibotrys* (D. Don) Hara。别名土荞麦、野荞麦、透骨消等,为国家二级重点保护植物。植株高 50～100 cm;茎直立,具纵棱;叶三角形,基部近戟形;伞房状花序,苞片卵状披针形,花白色;瘦果宽卵形,具 3 锐棱。花期 7～9 月,果期 8～10 月。生于海拔 250～3 200 m 的山谷湿地、山坡灌丛,分布于陕西、华东、华中、华南及西南地区。

金荞麦以干燥根茎入药,味辛、苦,性凉。具有清热解毒、排脓祛瘀的功效,用于肺痈吐脓、肺热喘咳、乳蛾肿痛等症。

金荞麦植株

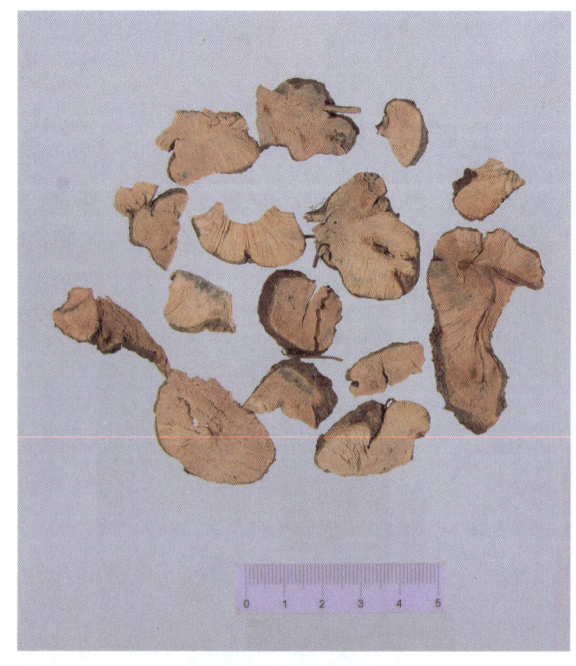

金荞麦药材

一、外植体选择与消毒

金荞麦组织培养常采用带节茎段作为外植体。春季剪取新萌发枝条中上部的带节茎段,自来水冲洗 15 min,于超净工作台内用 0.1% $HgCl_2$ 溶液灭菌 8~15 min,其间不断摇动,接着用无菌水冲洗 6~8 次,置于无菌滤纸上将水吸干。将处理过的茎段剪成约 1 cm 的长度备用。

二、初代诱导培养

将消毒好的金荞麦带节茎段接种于初代诱导培养基上,培养基为 1/2 MS+3.0 mg/L 6-BA+0.1 mg/L NAA+5.0 g/L 琼脂+25.0 g/L 蔗糖,培养基 pH 为 5.8。培养 10 d 后嫩芽长出,叶片伸展;25 d 后,不定芽诱导率为 86%。培养室平均光照强度为 2 000 lx,光照时间 12 h/d,温度(24±2)℃。

金荞麦初代诱导

三、增殖培养

将初代培养得到的不定芽切成带节小段,长度 1.5~3 cm,接种到 MS+2.0 mg/L 6-BA+0.2 mg/L IBA+5.0 g/L 琼脂+25.0 g/L 蔗糖,培养基 pH 为 5.8 的增殖培养基上进

金荞麦丛生芽增殖

行增殖培养，每瓶接种不定芽 5～8 个。培养 30 d 后，金荞麦不定芽平均增殖系数为 5。培养条件与初代诱导培养条件相同。

四、壮苗生根

丛生芽长至 3～5 cm 即可切下生根。金荞麦生根培养基为 1/2 MS 培养基＋5.0 g/L 琼脂＋25.0 g/L 蔗糖，培养基 pH 为 5.8，每瓶 5 个单芽，培养条件与初代诱导培养条件相同。培养 15 d 左右，有不定根发生；30 d 后生根率达 96%，平均生根数 6 以上，根系粗壮。

金荞麦壮苗生根

五、炼苗移栽

挑选生长健壮、根系发达的金荞麦组培苗，移入常温室内放置，先闭盖炼苗 5～8 d，再开盖炼苗 2 d，然后将组培苗取出，清水洗净根部培养基，吸干根部水分，移栽至河沙∶腐殖土＝1∶1 比例混合的基质中。移栽初期喷水保湿，保持环境相对湿度在 80% 以上，移栽一周后可逐步降低相对湿度。一个月后可移栽至大田。

金荞麦组培苗移栽

金线吊乌龟

金线吊乌龟基原植物为防己科 Menispermaceae 千金藤属 Stephania 藤本植物金线吊乌龟 Stephania cepharantha Hayata。别名玉关葛藤、白药、铁秤砣、独脚乌柏、金线吊蛤蟆等。草质藤本,长达 2 m,全株无毛;块根团块状或近圆锥状,褐色,皮孔突起;小枝紫红色,纤细;叶三角状扁圆形或近圆形,先端具小凸尖,基部圆或近平截,掌状脉;雌雄花序头状,具盘状托;雄花序梗丝状,常腋生,组成总状;雌花序梗粗,单生叶腋;核果宽倒卵圆形,红色。花期 4~5 月,果期 6~7 月。生于村边、旷野、林缘的石灰岩岩缝中或石砾中,分布于江苏、浙江、安徽、福建、江西、湖北、湖南、广东、广西、四川、贵州及陕西。

金线吊乌龟以块根入药,味苦、辛,性凉。有小毒。具有清热解毒、祛风止痛、凉血止血的功效,用于咽喉肿痛、热毒痈肿、风湿痹痛、腹痛、泻痢、吐血、衄血、外伤出血等症。

金线吊乌龟植株

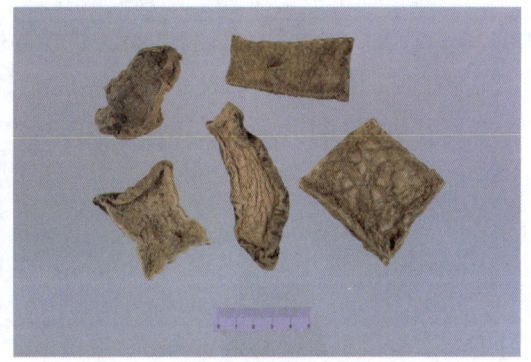

金线吊乌龟药材

一、外植体选择与消毒

金线吊乌龟组织培养常以嫩芽为外植体。用清洁剂清洗嫩芽表面,流水冲洗 30 min,在超净工作台上用 75% 酒精浸泡 30 s,无菌水冲洗 3 次,再用 0.1% $HgCl_2$(加 1 或 2 滴表面活性物质吐温-20)溶液浸泡消毒 10 min,其间不断摇晃,用无菌水浸洗 5 次,每次浸洗 2 min,放置于灭菌培养皿中,用无菌滤纸将表面水分吸干备用。

二、初代诱导培养

将消毒好的嫩芽接入初代诱导培养基 MS+1.0 mg/L 6-BA+0.2 mg/L IBA+4.5 g/L 琼脂+30.0 g/L 蔗糖,培养基 pH 为 5.8,每瓶接种 2 或 3 个嫩芽。培养 10 d 后嫩芽开始抽梢生长,并分化出不定芽,20 d 时不定芽长度约为 5 cm,30~40 d 不定芽诱导率为 86.4%。在平均光照强度 2 000 lx 下培养,光照时间 12 h/d,温度(24±2)℃。

金线吊乌龟初代诱导

金线吊乌龟丛生芽增殖

三、增殖培养

金线吊乌龟不定芽适宜的增殖培养基为 MS＋1.5 mg/L 6-BA＋0.2 mg/L IBA＋0.2 mg/L KT＋4.5 g/L 琼脂＋30.0 g/L 蔗糖，培养基 pH 为 5.8。将生长健壮的不定芽切成约 2 cm 长的茎段，接种于增殖培养基，培养 20 d 后丛生芽萌发，长势较好，叶色翠绿，30 d 后丛生芽与叶片同长。培养条件与初代诱导培养条件相同。

四、壮苗生根

选用苗高 5 cm 且生长健壮的丛生芽切成单芽，接种于生根培养基 1/2 MS＋0.2 mg/L 6-BA＋0.5 mg/L NAA＋4.5 g/L 琼脂＋30.0 g/L 蔗糖，培养基 pH 为 5.8，每瓶接种 3 个单芽。25 d 后产生幼根 3～5 条，生根率 81.7%。培养条件与初代诱导培养条件相同。

金线吊乌龟壮苗生根

五、炼苗移栽

选择生长旺盛、根系发达的组培苗,移入常温室内闭瓶炼苗 4 d,然后开盖继续炼苗 3 d。移栽时,用镊子取出组培苗并将根部培养基用流水洗净,移栽至已灭菌的塘泥:河沙=3∶1 的基质中,移栽后浇透水,适度保湿遮阴,30 d 后金线吊乌龟组培苗移栽成活率达 85.7% 以上。

金线吊乌龟组培苗移栽

金 线 莲

金线莲基原植物为兰科 Orchidaceae 开唇兰属 *Anoectochilus* 金线兰 *Anoectochilus roxburghii*(Wall.)Lindl。别名金线兰、金石松、金丝草等,为国家二级重点保护植物。多年生草本,株高约 1.5 mm,蕊柱长 2 mm;柱头 2,位于蕊柱两侧;花药卵形;花茎长约 15 cm,红褐色,被毛,下部疏生 2 或 3 鞘状苞片,花序具 3~5 花。生于海拔 50~1 600 m 的常绿阔叶林下或沟谷阴湿处,分布于浙江、福建、广东、广西、四川、云南等地。

金线莲以全草入药,味甘,性平。具有清热凉血、除湿解毒、平衡阴阳、扶正固本、阴阳互补、生津养颜、调和气血五脏、养寿延年的功效,用于肺热咳嗽、尿血、小儿惊风、破伤风、跌打损伤、毒蛇咬伤、糖尿病、急慢性肝炎、风湿性关节炎、肿瘤。

金线莲植株

金线莲药材

一、外植体选择与消毒

目前金线莲组织培养采用种子作为外植体。即取当年饱满蒴果,于超净工作台内,蘸取75%酒精,移至酒精灯外焰灼烧10 s左右,无菌条件下切开蒴果,用镊子夹住果皮将种子稀疏均匀撒在诱导培养基上进行诱导培养。培养条件为平均光照强度1 500 lx,光照时间12~14 h/d,温度为23~27 ℃。

金线莲初代诱导　　　　　　金线莲丛生芽增殖

二、初代诱导培养

对金线莲进行初代诱导时,采用 MS+2.5 mg/L 6-BA+0.3 mg/L IAA+0.5 mg/L KT+5.0 g/L 琼脂+30.0 g/L 蔗糖+0.5 g/L AC,培养基 pH 为 5.8,30 d 后,金线莲种子萌发,萌发率约为 100%,继续培养 30 d 后,萌发的淡黄色球状突起逐渐转变成绿色的类原球茎,类原球茎的增殖系数为 27.8。

金线莲壮苗生根

三、壮苗生根

在 MS+1.0 mg/L 6-BA+0.3 mg/L IAA+5.0 g/L 琼脂+30.0 g/L 蔗糖,pH 为 5.8 的壮苗培养基上对金线莲类原球茎壮苗培养,30 d 后得到健壮丛生芽。将健壮丛生芽置于 MS+1.5 mg/L ABT+5.0 g/L 琼脂+30.0 g/L 蔗糖,pH 为 5.8 的生根培养基中,45 d 后得到带根的完整植株,生根率在 95% 以上。

四、炼苗移栽

挑选生长旺盛、根系发达的金线莲组培苗移入常温室内放置,将组培瓶盖打开放置 12 h 后,让金线莲组培苗与空气完全接触,选取生长有 3~5 片叶、苗高在 4 cm 以上的组培苗用水冲洗掉根部的培养基后,移栽到草炭泥:锯末=1:1 的基质中,温度为 18~22 ℃,相对湿度在 90% 左右和光照强度为 400 lx 的条件下培养,25 d 后金线莲苗的存活率为 88%。

金线莲组培苗移栽

金樱子

金樱子基原植物为蔷薇科 Rosaceae 蔷薇属 Rosa 植物金樱子 Rosa laevigata Michx.。别名油饼果子、唐樱莇、和尚头、山鸡头子、山石榴、刺梨子。常绿攀援灌木,高达 5 m;小枝散生扁平弯皮刺,无毛,幼时被腺毛,老时渐脱落;小叶革质,椭圆状卵形、倒卵形或披针卵形;花单生叶腋,花瓣白色,宽倒卵形,先端微凹;心皮多数,花柱离生,有毛,比雄蕊短;果梨形或倒卵圆形,稀近球形。花期 4~6 月,果期 10~11 月。生于海拔 100~1 600 m 的向阳山野、田边、溪畔灌木丛中,分布于广东、四川、云南、湖北、贵州等地。

金樱子以干燥果实入药,味酸、甘、涩,性平。归肾、膀胱、大肠经。具有固精缩尿、固崩止带、涩肠止泻的功效,用于遗精滑精、遗尿尿频、崩漏带下、久泻久痢等症。

金樱子植株

金樱子药材

一、外植体选择与消毒

金樱子组培时常采用茎尖作为外植体。采用生长健壮、无病虫害金樱子茎尖作为外植体展开诱导时,首先将金樱子茎尖洗净,然后于超净工作台内,依次采用浓度为 75% 酒精消毒 30 s,再用无菌水涮洗一遍,将洗干净的茎尖置于 0.1% $HgCl_2$ 溶液(加 1 或 2 滴表面活性物质吐温-20)浸泡消毒 8 min,用无菌水浸洗 3 次,每次浸洗 5 min,选用无菌滤纸将外植体表层的液体吸干,然后置于诱导培养基上进行培养。

二、初代诱导培养

金樱子初代诱导培养基以 MS+1.5 mg/L 6-BA+0.2 mg/L KT+0.2 mg/L NAA+5.0 g/L 琼脂+25.0 g/L 蔗糖的组合最好,不定芽启动时间为 10 d,培养 30 d 后,不定芽诱导率为 90%,在光照强度 2 000 lx 下培养,光照时间 12 h/d,温度 (24±2)℃。

金樱子初代诱导

三、增殖培养

适合金樱子不定芽增殖的培养基为 MS+1.5 mg/L 6-BA+0.2 mg/L KT+0.2 mg/L NAA+5.0 g/L 琼脂+25.0 g/L 蔗糖,不定芽在培养 21 d 有丛生芽产生,30 d 后每个不定芽可以分化出 3~12 个丛生芽,培养条件与初代诱导培养条件相同。

金樱子丛生芽增殖

四、壮苗生根

金樱子生根培养基为 1/4 MS+0.2 mg/L IBA+0.2 mg/L NAA+5.0 g/L 琼脂+25.0 g/L 蔗糖,也可添加适当浓度的 AC,其生根时间短,14 d 即开始生根,根多、粗壮,生根率达 100%。

金樱子壮苗生根

五、炼苗移栽

经生根培养后,挑选生长旺盛、根系发达的组培苗移入常温室内放置,松开盖子 2 d 后掀开盖子让金樱子组培苗与空气完全接触,其间需向瓶内的组培苗洒水保持瓶内的水分充足。3 d 后从瓶内取出组培苗,洗净根部的培养基,移栽基质以塘泥∶河沙＝1∶3 较佳;适度遮阴,并保持一定的湿度,30 d 金樱子组培苗成活率为 95% 以上。

金樱子组培苗移栽

蒟蒻薯

蒟蒻薯基原植物为蒟蒻薯科 Taccaceae 蒟蒻薯属 Tacca 植物箭根薯 Tacca chantrieri Andre。别名老虎须、老虎花、山大黄、蒟蒻薯等,是一种珍贵的药用及观赏植物,渐危种。根状茎粗壮,近圆柱形;叶片长圆形或长圆状椭圆形,长 20～50 cm,宽 7～14 cm;花葶较长;总苞片 4 枚,暗紫色,外轮 2 枚卵状披针形;浆果肉质,椭圆形;种子肾形,有条纹,长约

3 mm。花果期 4~11 月。生于海拔 170~1 300 m 的水边、林下、山谷阴湿处，分布于湖南南部、广东、广西、云南等地。

蒟蒻薯以根茎入药，味苦，性凉。有小毒。具有清热解毒、理气止痛的功效，用于胃肠炎、胃及十二指肠溃疡、消化不良、痢疾、肝炎、疮疖、咽喉肿痛、烧伤、烫伤等症。

蒟蒻薯植株

蒟蒻薯药材

一、外植体选择与消毒

通常以箭根薯根茎、叶片或叶柄为外植体。这里以叶柄和叶片为外植体，先用洗洁精清洗表面污垢，再将其置于烧杯中进行流水冲洗 15 min，然后移至超净工作台内，用无菌水冲洗 1 遍，再用 0.1% $HgCl_2$ 消毒 5~15 min，无菌水浸泡 5 次。用备用的无菌滤纸吸干外植体表面水分后，再将其剪切成 0.8~1.2 cm 叶柄、约 1.2 cm×1.2 cm 的根茎或叶片，平放到培养基上，每瓶接种 3 个外植体，每个处理接种 8 瓶。

二、初代诱导培养

箭根薯愈伤组织诱导的培养基为 MS+2.0 mg/L 6-BA+0.1 mg/L NAA+1.0 mg/L

2,4-D+4.5g/L琼脂+30.0g/L蔗糖,培养基pH为5.8。叶柄在培养15 d左右两端切口便开始膨胀,20 d后出现浅绿色突起物,逐渐形成愈伤组织;叶片培养10 d便开始朝培养基方向内卷,但出现愈伤组织时间比叶柄稍晚,35 d后才开始形成乳白或浅绿色颗粒组织,愈伤组织诱导率可达到100%。培养条件:光照强度2 000 lx,光照时间12 h/d,温度(25±2)℃。

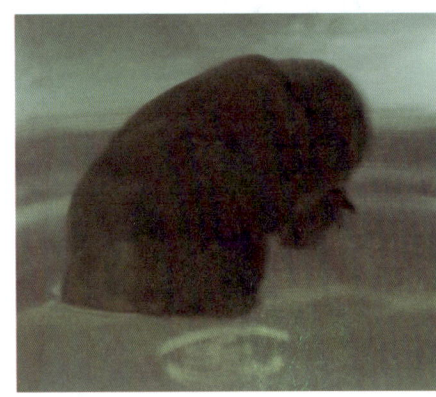

蒟蒻薯初代诱导

三、增殖培养

叶柄最佳分化培养基为MS+2.0 mg/L 6-BA+0.5 mg/L NAA+4.5 g/L琼脂+30.0 g/L蔗糖,培养基pH为5.8,最高分化率达90%。叶片和叶柄诱导出的愈伤组织分化率较高。培养条件与初代诱导培养条件相同。

蒟蒻薯增殖

四、壮苗生根

将愈伤组织分化出的不定芽或者丛生芽接种到壮苗生根培养基1/2 MS+0.5 mg/L

NAA+4.5 g/L 琼脂+30.0 g/L 蔗糖上,培养基 pH 为 5.8,培养 30 d,平均根数在 7～10 个每株,生根率可达 100%,平均根数为 9.5,根比较整齐,根系发达。培养条件与初代诱导培养条件相同。

蒟蒻薯壮苗生根

五、炼苗移栽

待长至 8～10 cm 时,选择生长良好、整齐、健壮的组培苗,打开培养瓶的盖子,并注入少量水淹没培养基,于室内自然光下炼苗 1 周,用镊子小心取出组培苗,洗净培养基后移栽到营养土中,基质以疏松透气、排水良好、不易发霉为宜。每周喷施 1 或 2 次 10 倍稀释的 MS 大量元素营养液,移至遮阴棚培养,根据需要适当喷施 0.1% 的叶面肥,视基质的干湿度喷雾补水,移栽 1 个月时,成活率为 85% 左右。移栽 20 d 左右组培苗成活并开始生长。移植的组培苗初期生长较慢,1 个月左右开始迅速生长并长出新根,株型整齐。一般第二年即可开花。

蒟蒻薯组培苗移栽

莲 子

莲子基原植物为睡莲科 Nelumbonaceae 莲属 Nelumbo 植物莲 Nelumbo nucifera Gaertn.。别名莲花、芙蓉、荷花等,为国家二级重点保护植物。多年生水生草本;根状茎横生,肥厚,节间膨大,内有多数纵行通气孔道;叶圆形,盾状;坚果椭圆形或卵形,种子(莲子)卵形或椭圆形。花期6~8月,果期8~10月。自生或栽培在池塘或水田内,分布于南北各省。

莲以干燥成熟种子入药,味甘、涩,性平。具有补脾止泻、止带、益肾涩精、养心安神的功效,用于脾虚泄泻、带下、遗精、心悸失眠等症。

莲植株

莲子药材

一、外植体选择与消毒

莲组织培养采用种子作为外植体。首先将莲种子洗净,在超净工作台内(后续初代诱导、增殖培养和壮苗生根操作均同)用75%酒精灭菌30 s,再选择无菌水涮洗1遍,将洗干净的种子置于0.1% $HgCl_2$ 溶液浸泡消毒10~15 min,用无菌水浸洗2次,每次浸洗5 min,然后用无菌纸将实验材料表层的水分吸干。

二、初代诱导培养

将消毒的莲种子接种到诱导培养基 MS+0.5 mg/L GA_3+5.0 g/L 琼脂+25.0 g/L 蔗糖,培养基pH为5.8。在平均光照强度2 000 lx下培养,光照时间12 h/d,温度(24±2)℃。15~20 d后莲种子萌发,培养30 d后,发芽诱导率为100%。

莲初代诱导

莲增殖

三、增殖培养

在 MS+0.8 mg/L 6-BA+0.5 mg/L GA_3+0.2 mg/L KT+5.0 g/L 琼脂+25.0 g/L 蔗糖，pH 为 5.8 的培养基上对莲的不定芽进行增殖培养，培养条件与初代诱导培养条件相同。每瓶 4 个芽，30 d 后不定芽分化出丛生芽 8～12 个。

四、壮苗生根

把健壮的丛生芽接种到壮苗生根培养基 1/2 MS+0.2 mg/L NAA+0.5 g/L AC+5.0 g/L 琼脂+25.0 g/L 蔗糖，培养基 pH 为 5.8，培养条件与初代诱导培养条件相同。每瓶 4 个单芽，7～10 d 开始生根，30 d 后莲组培苗生根率与生根数较好，生根率达 100%，生根数 10 根以上。

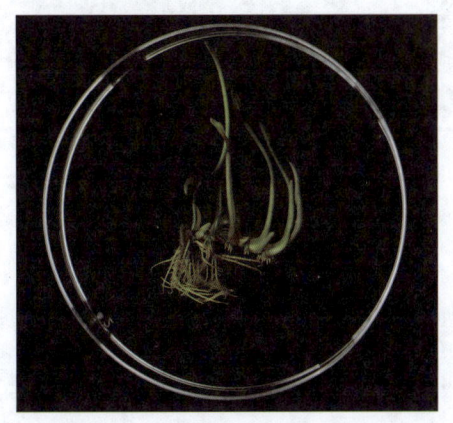
莲壮苗生根

莲组培苗移栽

五、炼苗移栽

将完整带根苗取出，洗净根部培养基立即移栽到蛭石中，加水至刚淹没土层，覆盖保鲜膜保湿,放置于培养室。10 d 后将苗移至室外,避免阳光直晒,适度遮阴,30 d 莲组培苗成活率为 100%。

凉 粉 草

凉粉草基原植物为唇形科 Lamiaceae 逐风草属 Platostoma 植物凉粉草 Platostoma palustre (Blume) A. J. Paton。别名仙草、仙人草、仙人伴、仙人冻、薪草。株高约 1 m,枝及茎被柔毛及细刚毛,后脱落无毛。叶窄卵形或近圆形,长 2～5 cm,先端尖或钝,基部宽楔形或稍圆,具锯齿,两面被细刚毛或长柔毛或脱落无毛,下面脉被毛。叶柄长 0.2～1.5 cm,被平展柔毛。轮伞花序组成顶生总状花序,花萼密被白色柔毛,花冠白或淡红色,果为长圆形黑色坚果。花果期为 7～10 月。生于水沟边及干沙地草丛中,分布于台湾、浙江、江西、广东及广西西部等地。

凉粉草以全草入药,味甘、淡、涩,性凉、寒。具有清热解暑、解热利尿的功效,用于中暑、丹毒、消渴、高血压、关节疼痛等症。

凉粉草植株　　　　　　　　　　　凉粉草药材

一、外植体选择与消毒

凉粉草组织培养常以嫩茎作为外植体,将采集的凉粉草嫩茎在流动的自来水下清洗掉表面灰尘,并用吸水纸吸干表面水渍。置于超净工作台内使用 0.1% $HgCl_2$ 溶液浸泡消毒 15 min,再用无菌水清洗 4 次,然后用无菌的吸水纸吸干表面水渍,最后接种于初代培养基上培养。

二、初代诱导培养

凉粉草初代诱导培养的培养基 MS+0.1 mg/L NAA+0.5 mg/L 6-BA+5.0 g/L 琼脂+30.0 g/L 蔗糖,培养基 pH 为 5.8。培养 10 d 后长出幼嫩不定芽,培养一定时间后,凉粉草不定芽诱导率为95%。培养条件为光照强度2 000 lx,光照时间12 h/d,温度(24±2)℃。

凉粉草初代诱导

三、增殖培养

凉粉草增殖培养所用的培养基为MS+0.2 mg/L NAA+0.5 mg/L 6-BA+5.0 g/L 琼脂+30.0 g/L 蔗糖,培养基pH为5.8,培养15 d左右,开始分化出丛生芽。培养20~30 d,丛生芽长度为3~5 cm。增殖培养条件与初代诱导培养条件相同。

四、壮苗生根

采用1/2 MS+0.2 mg/L NAA+0.5 mg/L IBA+5.0 g/L 琼脂+30.0 g/L 蔗糖,培养基pH为5.8,对凉粉草试管苗进行生根诱导培养。培养约20 d开始长出白色小根,培养30 d后,试管苗根长可达5~8 cm,生根率为98%,每株组培苗平均根数为3或4根,根系粗壮,适合移栽种植。

凉粉草壮苗生根

五、炼苗培养

选择长势较好的凉粉草带根组培苗移出培养室,放到阳光无法直射但通风的室内炼苗,室温环境下松开瓶盖炼苗 3 d 后,接着完全打开瓶盖继续炼苗 4 d,取出组培苗,清洗根部残留的培养基,移栽至湿润的珍珠岩:泥炭土=1:3 的基质上培养,培养过程中进行适度的遮阴及温度、湿度的控制,培养 30 d 左右,移栽苗成活率达 100%。

凉粉草组培苗移栽

两 面 针

两面针植株

两面针基原植物为芸香科 Rutaceae 花椒属 Zanthoxylum 植物两面针 Zanthoxylum nitidum (Roxb.) DC.。别名两边针、双面刺、入山虎、上山虎、入地金牛等。多年生木本植物,幼株为直立灌木,成龄植株为木质藤本;小叶对生,成长叶硬革质,阔卵形、近圆形或狭长椭圆形;茎、枝、叶轴下面和小叶中脉两面均着生钩状皮刺;花序腋生,花瓣淡黄绿色,卵状椭圆形或长圆形;果皮红褐色;种子圆珠状。生于海拔 800 m 以下的山地、丘陵、平地的疏林、灌丛中,或荒山草坡地有刺灌丛中,分布于台湾、福建、广东、海南、广西、贵州及云南。

两面针以干燥根入药,味苦、辛,性平。有小毒。归肝、胃经。具有活血化瘀、行气止痛、祛风通络、解毒消肿的功效,用于跌扑损伤、胃痛、牙痛、风湿痹痛、毒蛇咬伤;外用治烧烫伤。

两面针药材

一、外植体选择与消毒

两面针组织培养常采用嫩茎茎段或茎尖作为外植体。先洗净两面针茎段或茎尖,于超净工作台内用75%酒精消毒30 s,并用无菌水冲洗一遍;然后将其置于加有1或2滴吐温-20的0.05% $HgCl_2$ 溶液中浸泡8 min,再用无菌水浸洗2次;用无菌滤纸吸干茎段或茎尖表面水分后,将其置于诱导培养基上进行诱导培养。

二、初代诱导培养

两面针诱导培养所用培养基为 1/2 MS+0.6 mg/L 6-BA+0.2 mg/L IBA+0.2 mg/L KT+5.0 g/L 琼脂+30.0 g/L 蔗糖,培养基 pH 为 5.8。光照强度 2 000 lx,光照时间 12 h/d,温度(24±2)℃。每瓶接入1个茎段或茎尖,诱导培养20 d后腋芽及其周围开始出现淡绿色芽点;30 d后,长成具有明显茎、叶的黄绿色不定芽,不定芽诱导率为90%以上。

两面针初代诱导

三、增殖培养

切取初代诱导所得两面针不定芽,转接至增殖培养基 MS+0.5 mg/L 6-BA+0.2 mg/L IBA+5.0 g/L 琼脂+30.0 g/L 蔗糖,培养基 pH 为 5.8。每瓶接种 1~3 个单芽,增殖培养 20 d 后开始长出淡绿色的芽点,35 d 左右,紧密带叶丛生芽逐渐转绿长大,每个单芽平均增殖倍数为 15。

两面针丛生芽增殖

四、壮苗生根

切取 3~5 cm 长的健壮的两面针丛生芽,转接至生根培养基 1/2 MS+0.5 mg/L NAA+0.6 mg/L ABT 生根粉 1 号+5.0 g/L 琼脂+15.0 g/L 蔗糖,培养基 pH 为 5.8。每瓶接种 1~3 个单芽,培养 20 d 左右开始出现幼根,35 d 后,每株长出 1~3 条不定根,根长 3~5 cm,根系粗壮,生根率达 70%。

两面针壮苗生根

五、炼苗移栽

选择健壮的两面针完整生根组培苗,打开组培瓶盖,向培养基表面加入少量自来水,置室温下炼苗 7 d。再移栽到由蛭石∶黄泥土＝1∶1 组成的基质中,遮阴保湿,生长 30 d 后,组培苗成活率为 95% 以上。

两面针组培苗移栽

柳叶斑鸠菊

柳叶斑鸠菊基原植物为菊科 Asteraceae 尖鸠菊属 *Acilepis* 植物柳叶尖鸠菊 *Acilepis saligna*（DC.）H. Rob.。别名米碌塞、铁珠草、白龙须等。多年生坚硬草本,高 60～100 cm,或更高。茎基部木质,具条纹,被贴生疏短柔毛或近无毛,具腺。叶硬纸质,椭圆状长圆形或倒披针形,两面被糙短毛和腺点;叶柄极短或近无柄。头状花序多数,通常 6～8 个在侧枝顶端或上部叶腋排列成具叶的伞房花序,具 6～12 个花;花序梗被密短柔毛和腺;花淡红紫色,花冠管状;瘦果长圆形,无毛,肋间具腺点。花期 9 月至翌年 2 月。生于海拔 500～1 600 m 的开旷山坡灌丛中或疏林下,分布于我国云南西南部、南部至东南部、贵州、

柳叶尖鸠菊植株

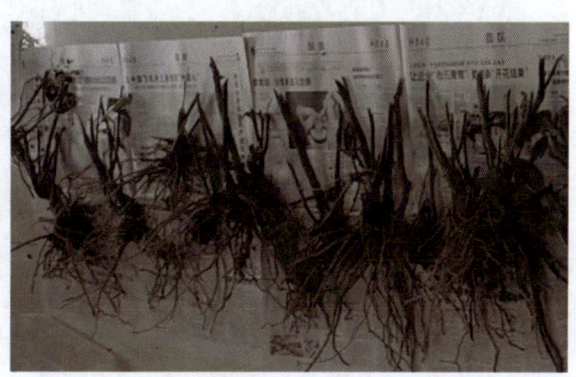

柳叶尖鸠菊药材

广西及广东,印度、尼泊尔、孟加拉国、缅甸、越南、泰国也有分布。

柳叶尖鸠菊以干燥成熟全株入药,味辛、苦,性平。具有健脾消食、润肺止咳、清热解毒等功效。叶可用于高烧不退,根可用于催产堕胎,民间用其治疗疟疾,彝族人用其治疗咽喉肿痛、肺结核、咳嗽咯血、子宫脱垂等。

一、外植体选择与消毒

目前柳叶尖鸠菊组培时常采用茎段作为外植体。选取健壮无病毒的柳叶尖鸠菊幼嫩茎段,剪成1~2 cm长的带腋芽小茎段,放在加有1%洗衣粉的洗涤液中浸泡5~8 min,继而在自来水下用细流水冲洗30 min。在超净工作台上用75%酒精消毒,茎段、叶片消毒时间均为30 s,再用无菌水冲洗3~5次,然后用0.1% $HgCl_2$ 灭菌8 min,最后用无菌水冲洗5次,取出放在经高压灭菌的不锈钢浅盘中。茎端切去末端部分组织,将经灭菌处理后未变色、无褐化的茎段接入培养基中进行初代培养。培养室的平均光照强度为2 000 lx,光照时间为12 h/d,温度(24±2)℃。

二、初代诱导培养

用不同激素配比对柳叶尖鸠菊茎段进行初代诱导,诱导过程中发现柳叶尖鸠菊对激素较为敏感;较高的激素浓度容易使基部出现絮状的愈伤组织以及玻璃化,不利于后续成苗。经反复试验后,柳叶尖鸠菊初代诱导采用的培养基为MS+0.02 mg/L 6-BA+0.01 mg/L NAA+5.0 g/L琼脂+25.0 g/L蔗糖,诱导率为76.3%,不定芽长势好,芽健壮。

柳叶尖鸠菊初代诱导

柳叶尖鸠菊增殖培养

三、增殖培养

柳叶尖鸠菊丛生芽在继代增殖过程中极易玻璃化,增殖系数低。以MS+0.07 mg/L 6-BA+5.0 g/L琼脂+25.0 g/L蔗糖为柳叶尖鸠菊最适增殖培养基,丛生芽长势较好,叶色浓绿,新发芽数3~5个。

四、壮苗生根

柳叶尖鸠菊丛生芽的生根时间在 5～7 d，以 1/2 MS＋0.2 mg/L IBA＋0.1 mg/L NAA＋5.0 g/L 琼脂＋25.0 g/L 蔗糖组合最适合其壮苗生根培养。培养后其根系粗壮，生根数多，生根率达 95% 以上。

柳叶尖鸠菊壮苗生根

五、炼苗移栽

经生根培养后，挑选生长旺盛、根系发达的柳叶尖鸠菊组培苗移入常温室内放置，松开盖子 2 d 后掀开盖子让柳叶尖鸠菊组培苗与空气完全接触，其间需向瓶内的组培苗洒水保持瓶内的湿度。3 d 后从瓶内取出组培苗，洗净根部的培养基，移入已消毒的泥炭土：蛭石＝3:1 的基质上，适度遮阴，并保持一定的湿度，30 d 柳叶尖鸠菊组培苗成活率为 95.1% 以上。

柳叶尖鸠菊组培苗移栽

龙 骨 风

龙骨风基原植物为桫椤科 Cyatheaceae 桫椤属 *Alsophila* 植物桫椤 *Alsophila spinulosa* (Wall. ex Hook.) R. M. Tryon。别名刺桫椤、树蕨、人头蕨,为国家二级重点保护植物。大型树状蕨类,茎干高达 6 m 或更高;叶柄长 30~50 cm,通常棕色或上面较淡;叶螺旋状排列于茎顶端,叶片大,长矩圆形,三回羽状深裂;羽片 17~20 对,互生;孢子囊群孢生于侧脉分叉处,囊群盖球形,膜质。生于海拔 260~1 600 m 山地溪旁或疏林中,分布于福建、台湾、广东、海南、香港、广西、贵州、云南、四川、重庆及江西等地。

桫椤以茎入药,味微苦,性平。归肾、胃、肺经。具有祛风除湿、活血通络、止咳平喘、清热解毒、杀虫的功效,用于风湿痹痛、肾虚腰痛、跌打损伤、小肠气痛、风火牙痛、咳嗽、哮

桫椤植株

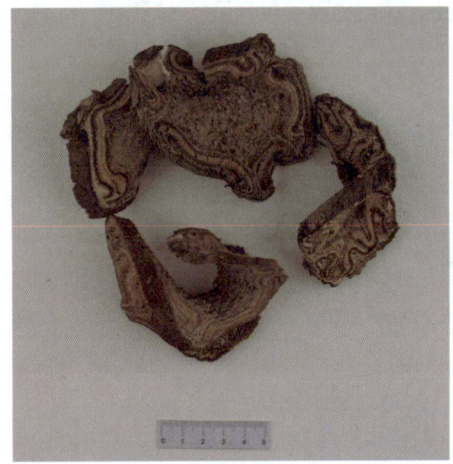

龙骨风药材

喘、疥癣、蛔虫病、蛲虫病及预防流感等症。

一、外植体选择与消毒

桫椤组培通常以孢子为外植体。在超净工作台内(后续初代诱导、增殖培养和壮苗生根操作均同)将桫椤孢子置于 10 mL 离心管内,加入无菌水,以 5 000 r/min 离心 1 min,再加入 0.1% $HgCl_2$ 消毒 8~12 min,离心 1 min,最后用无菌水清洗 3 次。

二、初代诱导培养

将孢子悬浊液接种至初代培养基 1/2 MS+0.2 mg/L 6 - BA+0.05 mg/L IAA+0.5 mg/L GA_3+0.5 mg/L AC+5.0 g/L 琼脂+25.0 g/L 蔗糖,培养基 pH 为 5.8。在平均光照强度 2 000 lx 下进行培养,光照时间 12 h/d,温度(24±2)℃。30 d 后孢子萌发得到原叶体。

桫椤初代诱导(原叶体)

桫椤增殖(孢子体)

三、增殖培养

将原叶体接种到增殖培养基 1/2 MS+0.1 mg/L BA+0.05 mg/L IAA+5.0 g/L 琼脂+25.0 g/L 蔗糖,培养基 pH 为 5.8。30 d 后转接到 1/2 MS 中,继代 4 或 5 次后(每 30 d/次),原叶体分化出幼孢子体。培养条件与初代诱导培养条件相同。

四、壮苗生根

将幼孢子体接种到壮苗生根培养基 1/2 MS+1.0 mg/L IBA+5.0 g/L 琼脂+20.0 g/L 蔗糖上。2 周开始生根,30 d 后桫椤组培苗生根率和生根数较好,生根率 100%,生根数 10 以上。当孢子体高约 4 cm,长出 4~6 片叶,根系较发达时,可炼苗移栽。培养条件与初代诱导培养条件相同。

桫椤壮苗生根

桫椤组培苗移栽

五、炼苗移栽

在自然光下炼苗 7 d 后,将完整带根苗取出,洗净根部培养基立即移栽到泥炭土：红心土：腐殖土＝1：1：1 混合基质中,遮阳网遮阴,塑料膜保湿。30 d 桫椤组培苗成活率为 70% 以上。

龙 眼（肉）

龙眼基原植物为无患子科 Sapindaceae 龙眼属 *Dimocarpus* 植物龙眼 *Dimocarpus longan* Lour.。别名羊眼果树、桂圆、圆眼等,为国家二级重点保护植物。多年生常绿乔木,高达超 10 m;叶薄革质,长圆状、椭圆形至长圆状披针形;花序大型;花瓣乳白色,披针形;果近球形,黄褐色或灰黄色;种子茶褐色,光亮,被肉质假种皮包裹。生于疏林,并有广泛栽培,分布于我国西南部至东南部的云南、广西、福建、广东,以及亚洲南部和东南部等地。

龙眼以假种皮（龙眼肉）入药,味甘,性温。归心、脾经。具有补益心脾、养血安神的功效,用于气血不足、心悸怔忡、健忘失眠、血虚萎黄等症。

龙眼植株

龙眼(肉)药材

一、外植体选择与消毒

龙眼组织培养常采用种子、茎尖、带有腋芽的嫩茎茎段等作为外植体,这里以种子为例。洗净龙眼新鲜种子,于超净工作台内用75%酒精消毒30 s,再将其置于加有1或2滴吐温-20的0.1% $HgCl_2$ 溶液中浸泡10~15 min,用无菌水冲洗消毒后的龙眼种子,用无菌滤纸吸干表面水分,接种于诱导培养基中进行培养。

二、初代诱导培养

龙眼诱导培养所用培养基为MS+0.5 mg/L GA_3+5.0 g/L琼脂+30.0 g/L蔗糖,培养基pH为5.8。温度(24±2)℃,暗培养。诱导培养20 d后种子开始萌发,30 d后长出小苗,种子发芽率为90%以上。

龙眼初代诱导

三、增殖培养

切取诱导所得龙眼种子苗的嫩芽,转接至龙眼增殖培养基WPM+0.3 mg/L 6-BA+0.2 mg/L IBA+0.2 mg/L KT+5.0 g/L琼脂+30.0 g/L蔗糖,培养基pH为5.8。在光照强度2 000 lx,光照时间12 h/d,温度(24±2)℃下培养。每瓶接种1~3个芽,增殖培养35 d后开始长出黄白色突起芽点,60 d后长成淡绿色丛生状不定芽,每个单芽的平均增殖倍数为5。

龙眼丛生芽增殖

四、壮苗生根

切割增殖培养所得 3~5 cm 的龙眼不定芽,转接至生根培养基 1/2 MS+0.2 mg/L IBA+5.0 g/L 琼脂+15.0 g/L 蔗糖,培养基 pH 为 5.8。每瓶接种 4 个单芽,生根培养 15 d 左右不定芽基部开始膨大生根,30 d 后,生根率达 70%。

龙眼壮苗生根

五、炼苗移栽

挑选健壮的龙眼完整组培生根苗,洗净根部培养基,先移栽到蛭石中,遮阴保湿,炼苗 7 d,每隔 2 d 于叶面喷施一次 0.1% 的磷酸二氢钾溶液。再移栽至富含腐熟有机质的砂壤中,适度遮阴,保持湿润,生长约 45 d,组培苗成活率为 100%。

龙眼组培苗移栽

鹿角蕨

鹿角蕨基原植物为鹿角蕨科 Platyceriaceae 鹿角蕨属 *Platycerium* 植物鹿角蕨 *Platycerium wallichii* Hook.。是国家二级重点保护植物,世界自然保护联盟极危物种。附生植物,根状茎肉质,短而横卧,密被鳞片;基生不育叶(腐殖叶)宿存,正常能育叶常成对生长;孢子囊散生于主裂片第一次分叉的凹缺处以下,孢子绿色。生于海拔 210~950 m 山地雨林中,分布于云南西南部盈江县那邦坝。

鹿角蕨以全草入药。根用于鼻炎、喉炎、肠胃炎等多种疾病,茎用于清热解毒,对感冒、咳嗽、支气管炎等病症有很好的疗养作用。

鹿角蕨植株

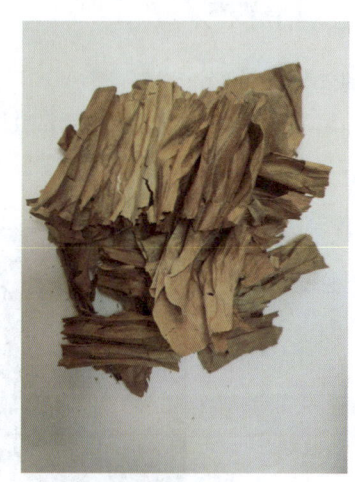
鹿角蕨药材

一、外植体选择与消毒

组织培养采用孢子作为外植体。采用孢子作为外植体进行诱导时,首先将鹿角蕨的孢子用无菌滤纸包好,在超净工作台内(后续初代诱导、增殖培养和壮苗生根操作均同)用自来水和无菌水分别浸泡 10 min,用 75% 酒精灭菌 30 s,再选择无菌水浸洗 1 或 2 遍,然后将包裹孢子的滤纸置于 0.1% $HgCl_2$ 溶液浸泡消毒 10~15 min,用无菌水浸洗 2 次,每次浸洗 5 min。

二、初代诱导培养

把消毒的滤纸包打开,将孢子均匀撒播于 MS+0.2 mg/L 6-BA+0.1 mg/L NAA+5.0 g/L 琼脂+25.0 g/L 蔗糖,在 pH 为 5.8 的培养基上进行初代诱导培养。在平均光照强度 2 000 lx 下进行培养,光照时间 12 h/d,温度(24±2)℃。培养 30 d 后,发芽诱导率为 95%。

鹿角蕨初代诱导

三、增殖培养

在 MS＋0.2 mg/L 6-BA＋0.1 mg/L NAA＋5.0 g/L 琼脂＋25.0 g/L 蔗糖,pH 为 5.8 的培养基上对鹿角蕨进行增殖培养,培养条件与初代诱导培养条件相同。每个处理 10 瓶,每瓶 4 个芽,30 d 后鹿角蕨试管苗生长丛生芽 20～50 个。

鹿角蕨增殖

四、壮苗生根

生根培养基为 1/2 MS＋0.5 mg/L AC＋5.0 g/L 琼脂＋25.0 g/L 蔗糖,培养基 pH 为 5.8,对鹿角蕨的生根培养基进行优化,培养条件与初代诱导培养条件相同。每瓶 4～6 个单芽,30 d 后鹿角蕨试管苗生根率与生根数较好。

五、炼苗移栽

打开瓶盖炼苗 3 d,将完整带根鹿角蕨组培苗取出,洗净根部培养基立即移栽到蛭石中,在阴棚内加盖塑料薄膜,保持湿润生长,30 d 鹿角蕨组培苗成活率为 100%,在阴棚中生长到 2 cm 后,可将小苗定植。

鹿角蕨组培苗移栽

罗 汉 果

罗汉果的基原植物为葫芦科 Cucurbitaceae 罗汉果属 *Siraitia* 植物罗汉果 *Siraitia grosvenorii* (Swingle) C. Jeffrey ex A. M. Lu et Z. Y. Zhang。别名拉江果、假苦瓜、光果木鳖。攀援草本;根多年生,肥大,纺锤形或近球形;茎、枝稍粗壮,有棱沟,初被黄褐色柔毛和黑色疣状腺鳞,后毛渐脱落变近无毛。叶片膜质,卵形心形、三角状卵形或阔卵状心形,有缘毛,叶面绿色,被稀疏柔毛和黑色疣状腺鳞,老后毛渐脱落变近无毛,叶背淡绿,被短柔毛和混生黑色疣状腺鳞;雌雄异株。雄花序总状,6~10 朵花生于花序轴上部,雌花单生或 2~5 朵集生于 6~8 cm 长的总梗顶端,退化雄蕊 5 枚,成对基部合生;果实球形或长圆形,初密生黄褐色茸毛和混生黑色腺鳞,老后渐脱落而仅在果梗着生处残存一圈茸毛,果皮较薄,干后易脆。种子多数,淡黄色,近圆形或阔卵形,扁压状。花期 5~7 月,果期

罗汉果植株

罗汉果药材

7～9月。生于海拔400～1400 m的山坡林下及河边湿地、灌丛,分布于广西、贵州、湖南南部、广东和江西,广西永福、临桂等地已将其作为重要经济植物栽培。

罗汉果以果实入药,味甘,性凉。归肺、大肠经。具有清热润肺、利咽开音、滑肠通便的功效,用于肺热燥咳、咽痛失音、肠燥便秘等症。

一、外植体选择与消毒

罗汉果组培主要采用幼嫩枝条作为外植体。由于罗汉果花期、果期后易感染花叶病毒,因此采集外植体时,宜选择晴朗的上午,选取现蕾期幼嫩枝条采集。采样时将生长旺盛、无病虫害的罗汉果幼嫩枝条剪下,去除叶片,拿回室内后冲洗干净,剪成带一腋芽的约1 cm长的茎段,放入1%洗衣粉浸泡,然后用细流水冲洗20 min,经无菌水冲洗3遍后,于超净工作台内用放入75%酒精中灭菌30 s,无菌水冲洗2或3遍,0.1% $HgCl_2$溶液(加1或2滴表面活性物质吐温-20)浸泡消毒7～8 min,用无菌水浸洗3次,每次浸洗3 min以上,最后用无菌滤纸将枝条表层的水分吸干,置于MS培养基上进行初代诱导培养,培养的平均光照强度为2 000 lx,光照时间为12 h/d,温度(24±2)℃。

二、初代诱导培养

罗汉果初代诱导采用的培养基为MS+0.5 mg/L 6-BA+0.2 mg/L KT+4.5 g/L琼脂+25.0 g/L蔗糖,不定芽启动时间为7 d,培养30 d后,出芽整齐,不定芽萌发率达到100%。

罗汉果初代诱导

三、增殖培养

在MS+0.5 mg/L 6-BA+0.2 mg/L NAA+4.5 g/L琼脂+25.0 g/L蔗糖的培养基上对罗汉果不定芽进行增殖培养,30 d后平均每个不定芽增殖系数为6.8,丛生芽多叶色绿,生长健壮,培养条件与初代诱导培养条件相同。

罗汉果增殖

四、壮苗生根

以 1/2 MS＋0.25 mg/L 6-BA＋0.3 mg/L IBA＋0.25 mg/L NAA＋4.5 g/L 琼脂＋25.0 g/L 蔗糖＋1.0 g/L AC 的培养基组合生根效果最好,生根率达100%,根数多,根茎粗壮,最适合移栽炼苗,培养条件与初代诱导培养条件相同。

罗汉果壮苗生根

五、炼苗移栽

经生根培养后,挑选生长旺盛、根系发达的罗汉果组培苗,先从培养室移出到准备室放置3 d,松开盖子2 d后,掀开盖子让罗汉果组培苗与空气完全接触,其间需向瓶内的组培苗洒水保持瓶内的水分充足。3 d后从瓶内取出组培苗,洗净根部的培养基,移入已消毒的育苗土∶蛭石＝3∶1的基质上,适度遮阴,并保持一定的湿度,30 d罗汉果组培苗成活率为95.1%以上。

罗汉果组培苗移栽

猕猴桃

猕猴桃基原植物为猕猴桃科 Actinidiaceae 猕猴桃属 *Actinidia* 中华猕猴桃 *Actinidia chinensis* Planch.。别名羊桃、奇异果、藤梨、白毛桃等,为国家二级重点保护植物。大型落叶藤本;叶纸质,具睫状细齿,下面密被灰白或淡褐色星状绒毛;聚伞花序,花初白色,后橙黄,子房密被黄色绒毛或糙毛;果实黄褐色,近球形,被灰白色绒毛,易脱落,具淡褐色斑点,宿萼反折。花期 4 月中旬~5 月中、下旬。生于海拔 200~600 m 的山区山林中,分布于陕西(南端)、湖北、湖南、河南、安徽、江苏、浙江、江西、福建、广东(北部)和广西(北部)等地。

中华猕猴桃以根和果实入药。根味苦、涩,性寒。具有清热解毒、活血消肿、祛风利湿的功效,用于风湿性关节炎、跌打损伤、丝虫病、肝炎等症。果实味酸、甘,性寒。具有调中理气、生津润燥、解热除烦的功效,用于消化不良、食欲不振、呕吐、烧烫伤等症。

中华猕猴桃植株

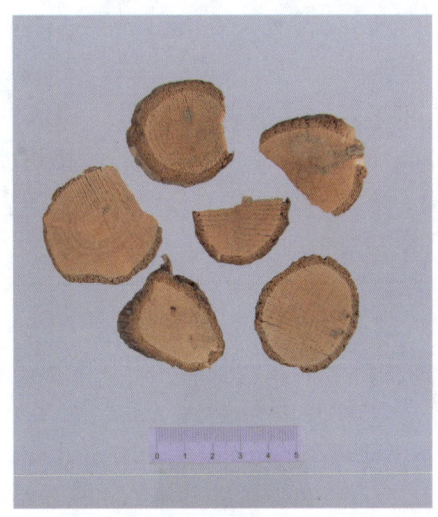

猕猴桃药材

一、外植体选择与消毒

中华猕猴桃组织培养常采用叶柄作为外植体。选取健康中华猕猴桃叶柄在自来水下冲洗干净,再移至超净工作台,用75%酒精灭菌30 s,再选择无菌水涮洗一遍,将洗干净的材料置于0.1% $HgCl_2$ 溶液(加1或2滴表面活性物质吐温-20)浸泡消毒8 min,用无菌水浸洗2次,每次浸洗5 min,最后用无菌纸将实验材料表面水分吸干。

二、初代诱导培养

初代培养基为MS+1.0 mg/L 6-BA+0.2 mg/L NAA+5.0 g/L 琼脂+25.0 g/L 蔗糖,培养基pH为5.8。将中华猕猴桃叶柄接入初代培养基。培养20 d后,叶柄处长出腋芽;30 d后,不定芽诱导率为90%左右。培养室平均光照强度为2 000 lx,光照时间12 h/d,温度(24±2)℃。

中华猕猴桃初代诱导

中华猕猴桃增殖

三、增殖培养

切下中华猕猴桃带腋芽的茎段,在 MS+0.5 mg/L 6-BA+0.1 mg/L NAA+5.0 g/L 琼脂+25.0 g/L 蔗糖、pH 为 5.8 的培养基上对其进行增殖培养。每瓶 4 个单芽,培养条件与初代诱导培养条件相同。培养 20 d 左右有淡绿色小芽产生,30 d 后每个不定芽生长丛生芽 5~10 个,芽长 5 cm 左右。

四、壮苗生根

丛生芽长至 3~5 cm 即可切下进行生根培养。将丛生芽基部插入 1/2 MS+0.1 mg/L IBA+0.3 mg/L NAA+5.0 g/L 琼脂+25.0 g/L 蔗糖,pH 为 5.8 的生根培养基上。每瓶 5~10 个单芽,培养条件与初代诱导培养条件相同。10 d 后开始有白色根长出,30 d 后中华猕猴桃组培苗根长 5~8 cm,每株 3~6 条根,生根率 90% 以上。

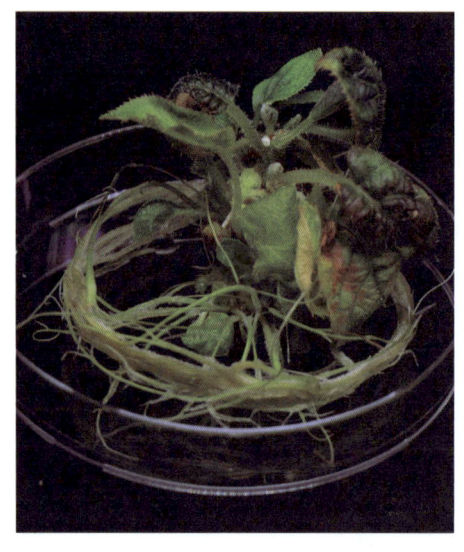
中华猕猴桃壮苗生根

中华猕猴桃组培苗移栽

五、炼苗移栽

经生根培养后的中华猕猴桃组培苗可以进行炼苗移栽,挑选生长旺盛、根系发达的中华猕猴桃组培苗移入常温室内放置,将组培瓶盖拧松,2 d 后掀开盖子让幼苗与空气完全接触,其间需向瓶内植株洒水保持瓶内空气湿度。3 d 后将完整带根组培苗取出,清水洗净根部培养基,移栽到装有无菌的蛭石∶珍珠岩∶河沙∶大田土=1∶1∶1∶1 的营养钵中,置于温室大棚,适度遮阴,其间保持良好透水性,生长 30 d 中华猕猴桃组培苗成活率约为 95%。

墨 兰

墨兰基原植物为兰科 Orchidaceae 兰属 *Cymbidium* 墨兰 *Cymbidium sinense*（Jack. ex Andr.）Willd.。别名报岁兰、中国兰、拜岁兰等，为国家二级重点保护植物。地生植物；假鳞茎卵球形，长 2.5～6 cm，宽 1.5～2.5 cm，包藏于叶基之内；叶 3～5 枚，带形，近薄革质，暗绿色；花葶从假鳞茎基部发出，直立，较粗壮；蒴果狭椭圆形，长 6～7 cm，宽 1.5～2 cm。生于海拔 300～2 000 m 的林下、灌木林中或溪谷旁湿润但排水良好的阴蔽处，喜阴湿、温暖，忌强光、忌严寒、干燥，分布于我国安徽南部、江西南部、福建、广西、四川（峨眉山）、贵州西南部、云南等地，印度、缅甸、越南、泰国、日本等地也有分布。

墨兰以根入药，味苦，性平。具有清热解毒、润肺止咳、平喘的功效，用于发热、咽喉肿痛、咳嗽等症。

墨兰植株

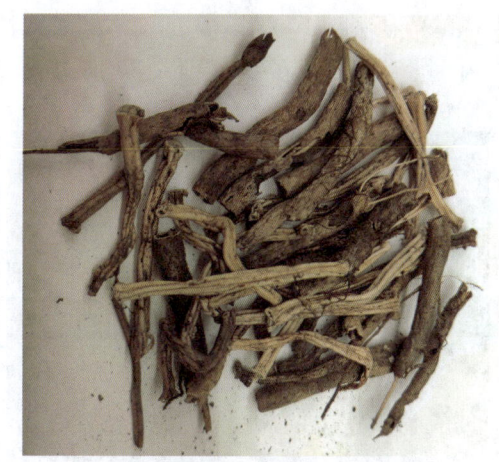
墨兰药材

一、外植体选择与消毒

目前墨兰组培常采用种子为外植体。采用健壮、无病虫害墨兰蒴果，在超净工作台内将其放入 75% 酒精中浸泡 30 s，再放入 0.1% $HgCl_2$ 中消毒 10～15 min，无菌水冲洗 4 或 5 次，然后切开蒴果，将种子均匀撒播于初代诱导培养基上诱导培养。

二、初代诱导培养

墨兰种子诱导培养基为 MS+0.5 mg/L 6-BA+0.5 mg/L NAA+5.0 g/L 琼脂+25.0 g/L 蔗糖，培养基 pH 为 5.8。黑暗条件下，室温 20～25 ℃ 培养。约 30 d 后，将萌发种子转移至光照时间 16 h/d，光照强度 2 000 lx 的环境下进行培养，球形胚顶端细胞分裂，胚体积增大胀破种皮，形成原球茎，原球茎顶端分生组织不断分裂并延伸形成根状茎。

墨兰初代诱导

三、增殖培养

根状茎诱导采用的培养基为 1/2 MS＋2.0 mg/L 6-BA＋0.1 mg/L NAA＋6.0 g/L 琼脂＋30.0 g/L 蔗糖＋0.8 g/L AC,培养基 pH 为 5.8。每瓶接种 15 个根状茎,光照时间 12 h/d,光照强度 2 000 lx,温度 23～27 ℃,湿度 70%～80%培养。80 d 后,增殖个数约为 120 个,增殖系数可达到 8 以上,平均长度为 2.3 cm。

墨兰丛生芽增殖

四、壮苗生根

生根培养基为 MS＋1.0 mg/L 6-BA＋0.5 mg/L NAA＋6.0 g/L 琼脂＋30.0 g/L 蔗糖＋2.0 g/L AC,培养基 pH 为 5.8。一周后生根率可达 89%,根长 0.5 cm 左右,每株有 2 或 3 条根系,株高达 2 cm 以上;经 50～60 d 的培养,株高可达 4 cm 以上,有 2 片展开叶,每株有 3 或 4 条根,根长达 2～3 cm,且较粗壮。培养条件同增殖培养。

五、炼苗移栽

经生根培养后的墨兰组培苗,打开培养瓶盖,炼苗 2～3 d,然后从瓶中取出组培苗小心洗净黏在根部的培养基,晾干后栽植到通气、透水、灭过菌的细砂苗床中。移栽前期将空气湿度保持在80%~90%,透光率50%,环境温度控制在22~26℃,经2~3个月的管理,即可定植于富含腐殖质、排水良好的微酸性介质中。移栽成活率可达87%左右。

墨兰组培苗移栽

牛 大 力

牛大力基原植物为豆科 Fabaceae 南海藤属 *Nanhaia* 南海藤 *Nanhaia speciosa* (Champ. ex Benth.) J. Compton & Schrire。别名美丽崖豆藤、山莲藕、金钟根、倒吊金钟等。藤本植物,树皮褐色;小枝圆柱形,初被褐色绒毛,后渐脱落;叶轴被毛,上面有沟;托叶披针形;小叶硬纸质,长圆状披针形或椭圆状披针形,基部钝圆。边缘略反卷,上面无毛,光亮,下面被锈色柔毛或无毛;花大,有香气;花梗与花萼、花序轴同被黄褐色绒毛;花冠白色、米黄色至淡红色;子房线形,荚果线状,种子卵形。7~10月开花,次年2月结果。生于海拔1500 m 以下的灌丛、疏林和旷野,分布于我国福建、湖南、广东、海南、广西、贵州、云南,越南也有分布。

牛大力以根入药,味甘,性平。具有补虚润肺、强筋活络等作用,用于肺虚咳嗽、慢性支气管炎咳嗽、肾虚、腰膝酸痛、风湿痹痛、跌打损伤等症。

南海藤植株

牛大力药材

一、外植体选择与消毒

选取生长健壮、无病虫害的植株,剪取幼嫩带芽茎段作为外植体,剪除叶片后放入烧杯中,加适量自来水及 2 或 3 滴洗洁精,轻轻摇动,用棉花擦洗表面泥土,在自来水下冲洗 15 min,然后移至超净工作台内,用 75% 酒精浸泡 30 s,无菌水冲洗 1 次,再用 0.1% $HgCl_2$ 消毒 10~20 min,无菌水冲洗 5 次。用无菌滤纸吸干茎段表面水分后用消毒好的镊子夹住,插入培养基中,每瓶接种 3 个外植体。

二、初代诱导培养

将消毒好的带芽茎段接种到 MS+1.5 mg/L 6-BA+0.5 mg/L NAA+4.5 g/L 琼脂+30.0 g/L 蔗糖的培养基上培养,pH 为 5.8,培养 15 d 后开始冒出嫩绿的小的芽,继续培养 10~20 d 后逐渐形成愈伤组织,继续培养 15~30 d 后愈伤组织上分化出不定芽,不定芽诱导率为 46%。光照强度 1 500 lx,光照时间 12 h/d,温度 (25±2)℃。

南海藤初代诱导

三、增殖培养

不定芽长至 5~6 cm 时,剪取带腋芽茎段接种至 MS+2.0 mg/L 6-BA+0.5 mg/L NAA+4.5 g/L 琼脂+30.0 g/L 蔗糖的分化培养基中进行增殖培养,培养基 pH 为 5.8,分化率最高达 58.3%,丛生芽叶绿,长势较好。培养条件与初代诱导培养条件相同。

南海藤增殖

四、壮苗生根

将生长健壮、高 2~4 cm 的单个丛生芽或者含 2 或 3 个丛生芽的芽丛接种到壮苗生根培养基 1/2 MS+1.5 mg/L NAA+1.0 mg/L IBA+4.5 g/L 琼脂+30.0 g/L 蔗糖上培养,培养基 pH 为 5.8,15 d 后开始生根,叶片也逐渐增多,培养 30 d,生根率达 70.8%,植株较为健壮,根粗,根系发达。培养条件与初代诱导培养条件相同。

南海藤壮苗生根

五、炼苗移栽

将已生根的南海藤组培苗,炼苗 10 d,开盖 2 d,其间喷水保湿,然后用镊子取出组培苗,洗净根部培养基,移栽到黄土、泥炭和河沙按等体积混合的基质中。基质以疏松透气、排水良好、不易发霉为宜,移栽 30 d 最高成活率达 93.3%。

南海藤组培苗移栽

牛 尾 菜

牛尾菜基原植物为菝葜科 Smilacaceae 菝葜属 *Smilax* 植物牛尾菜 *Smilax riparia* A. DC.。别名软叶菝葜、白须公、草菝葜、金刚豆藤、马尾伸根等。草质藤本,具根状茎,茎长 1~2 m,中空,有少量髓;叶较厚、卵形、椭圆形或长圆状披针形,叶柄长,常在中部以下有卷须,脱落点位于上部;花单性,雌雄异株,淡绿色,伞形花序,花序梗较纤细,花序托有多数小苞片,花期常不脱落;浆果径 7~9 mm,成熟时黑色。花期 6~7 月,果期 10 月。生于海拔 1 600 m 以下的林下、灌丛、山沟或山坡草丛中,除内蒙古、西藏、青海、宁夏、新疆以及四川、云南高山地区外,全国都有分布。

牛尾菜以根及根茎入药,味甘、微苦,性平。具有祛风湿、通经络、祛痰止咳的功效,用于风湿痹证、劳伤腰痛、跌打损伤、咳嗽气喘等症。

牛尾菜植株　　　　　　　　　　牛尾菜药材

一、外植体选择与消毒

以牛尾菜的嫩芽为外植体。先用自来水冲洗嫩芽表面,再用 1% 洗洁精溶液清洗,流水冲洗 30 min,在超净工作台上用 75% 酒精浸泡 20 s,无菌水冲洗 3 次,再用 0.1% $HgCl_2$ 溶液(加 1 或 2 滴表面活性物质吐温- 20)浸泡消毒 10 min,用无菌水冲洗 5 次,放置于灭菌培养皿中,用无菌滤纸将表面水分吸干备用。

二、初代诱导培养

将消毒好的嫩芽接入初代诱导培养基 MS+2.0 mg/L 6 - BA+0.1 mg/L NAA+4.5 g/L 琼脂+30.0 g/L 蔗糖,培养基 pH 为 5.8,每瓶接种 2 或 3 个嫩芽。培养 25 d 后嫩芽开始萌动分化,产生 2 或 3 个黄绿色不定芽,30 d 不定芽诱导率为 80.5%。在平均光照强度 2 000 lx 下培养,光照时间 12 h/d,温度(24±2)℃。

牛尾菜初代诱导　　　　　　　　　牛尾菜丛生芽增殖

三、增殖培养

牛尾菜不定芽的适宜增殖培养基为 MS+1.0 mg/L 6-BA+0.5 mg/L NAA+4.5 g/L 琼脂+30.0 g/L 蔗糖,培养基 pH 为 5.8。将生长健壮的不定芽切成约 2 cm 长的茎段,接种于增殖培养基,20 d 后分化出丛生芽,长势良好,叶色翠绿。培养条件与初代诱导培养条件相同。

四、壮苗生根

丛生芽培养 30 d 后,长出 3 或 4 片小叶后,从丛生芽基部切下,接种于生根培养基 1/2 MS+0.2 mg/L NAA+4.5 g/L 琼脂+30.0 g/L 蔗糖,培养基 pH 为 5.8。30 d 后丛生芽基部长出 4 或 5 条根,根长 2~3 cm,生根率 100%。培养条件与初代诱导培养条件相同。

牛尾菜壮苗生根

五、炼苗移栽

选择生长旺盛、根系发达的牛尾菜组培苗,移入常温室内,打开瓶盖,加入适量自来水炼苗 7 d。移栽时,取出组培苗并用流水洗净根部培养基,移栽至已消毒好的塘泥:草木灰=3:1 基质中。培养室内温度为 25 ℃,湿度为 85%,30 d 后牛尾菜组培苗移栽成活率为 85.3%。

牛尾菜组培苗移栽

青　蒿

青蒿基原植物为菊科 Asteraceae 蒿属 Artemisia 植物黄花蒿 Artemisia annua L.。一年生草本植物,植株有浓烈的挥发性香气。根单生,垂直,狭纺锤形;茎单生,叶纸质,绿色;头状花序球形,多数,有短梗,下垂或倾斜,基部有线形的小苞叶,在分枝上排成总状或复总状花序,并在茎上组成开展、尖塔形的圆锥花序;花深黄色,雌花 10~18 朵,两性花 10~30 朵,结实或中央少数花不结实,瘦果小,椭圆状卵形,略扁。花果期 8~11 月。生于路旁、荒地、山坡、林缘等处,在草原、森林草原、干河谷、半荒漠及砾质坡地也有生长。分布于全国,其中东部分布在海拔 1 500 m 以下地区,西北及西南分布在海拔 2 000~3 000 m 地区,西藏分布在海拔 3 650 m 地区,朝鲜、日本、越南(北部)、缅甸、印度(北部)及尼泊尔等也有分布。

青蒿以全草入药,味苦、辛,性寒。归肝、胆经。具有清虚热、除骨蒸、解暑热、截疟、退黄的功效,用于温邪伤阴、夜热早凉、阴虚发热、骨蒸劳热、暑邪发热、疟疾、寒热、湿热黄疸等症。

黄花蒿植株

青蒿药材

一、外植体选择与消毒

黄花蒿的组培常采用种子和茎段为外植体。这里主要以茎段为例,选择晴朗的上午,将生长旺盛、无病虫害的黄花蒿幼嫩枝条剪下,去除多余叶片,拿回室内后冲洗干净,剪成带腋芽长约 1 cm 的茎段,放入 1% 洗衣粉溶液,用细流水冲洗 20 min,然后无菌水冲洗 3 遍,在超净工作台内放入 75% 酒精中灭菌 30 s,无菌水冲洗 2 或 3 遍,0.1% $HgCl_2$ 溶液(加 1 或 2 滴表面活性物质吐温-20)浸泡消毒 7~8 min,用无菌水浸洗 3 次,每次浸洗 3 min 以上,最后选用无菌纸将茎段表层的水分吸干,切除茎段两端,然后置于 MS 培养基上进行培养。种子作为外植体时按照上述消毒方式然后撒播于 MS 培养基上进行培养,培养的平均光照强度为 2 000 lx,光照时间为 12 h/d,温度 (24 ± 2)℃。

二、初代诱导培养

黄花蒿初代诱导采用的培养基为 MS+0.5 mg/L 6-BA+0.2 mg/L NAA+5.0 g/L 琼脂+25.0 g/L 蔗糖+0.3 g/L AC,萌芽时间快,第 4 d 腋芽开始萌发,10 d 后抽生新梢明显,有鲜绿嫩叶,不定芽诱导率为 85.3%,出芽整齐,生长快。

黄花蒿初代诱导

黄花蒿增殖

三、增殖培养

在 MS+1.0 mg/L 6-BA+0.2 mg/L NAA+0.5 mg/L KT+5.0 g/L 琼脂+25.0 g/L 蔗糖的培养基(也可以添加 0.5 g/L AC)上对黄花蒿不定芽进行增殖培养,21 d 后平均每个不定芽增殖丛生芽数为6.5,分枝多,且叶色浓绿,生长健壮,培养条件与初代诱导培养条件相同。

四、壮苗生根

黄花蒿丛生芽以 1/2 MS+0.5 mg/L IBA+0.5 mg/L NAA+5.0 g/L 琼脂+25.0 g/L 蔗糖的培养基组合生根效果最好,30 d 后,生根率100%,根数多且根茎粗壮,最适合移栽炼苗,培养条件与初代诱导培养条件相同。

黄花蒿壮苗生根

五、炼苗移栽

经生根培养后,挑选生长旺盛、根系发达的黄花蒿组培苗移入常温室内放置,松开组培瓶盖子2 d 后,掀开盖子让黄花蒿组培苗与空气完全接触,其间需向瓶内的组培苗洒水保持瓶内湿度。3 d 后从瓶内取出幼苗,洗净根部的培养基,移入已消毒的育苗土:泥炭土=1:1的基质上,适度遮阴,并保持一定的湿度,移栽30 d 黄花蒿组培苗成活率为95.2%以上。

黄花蒿组培苗移栽

青天葵

青天葵基原植物为兰科 Orchidaceae 芋兰属 *Nervilia* 植物毛唇芋兰 *Nervilia fordii* (Hance) Schitr.。别名毛唇芋兰、独叶莲、独脚莲、珍珠叶、坠千斤、铁帽子、山米子、青莲，毛唇芋兰近危，已列入中国物种红色名录。多年生宿根小草本植物，块茎球形，仅 1 枚心状卵形叶子，苞片线形；花瓣淡绿色，唇瓣白色，具紫色脉，倒卵形，长 8～13 mm，宽 6.5～7 mm，凹陷，内面密生长柔毛。花期 5 月。生于海拔 220～1 000 m 山坡或沟谷林下阴湿处，分布于广西、广东、四川、云南。

青天葵以全草或叶入药，味苦、甘、凉，性平。具有清肺止咳、健脾消积、清热解毒、消结散瘀等功效，用于肺痨咯血、肺热咳嗽、小儿肺炎、急性喉炎、口腔炎、咽喉肿痛、瘰疬、疮

毛唇芋兰植株

青天葵药材

疮肿毒、跌打损伤等症。青天葵是广西特产药材,也是我国出口创汇主要药材,供应紧张且经济价值较高。

一、外植体选择与消毒

选取毛唇芋兰球茎为外植体。将球茎置于约 1‰ 洗洁精水中浸泡 5 min,将其清洗干净,用流动自来水冲洗 10 min。在超净工作台内使用 0.1% $HgCl_2$ 溶液浸泡消毒 10 min,再用无菌水浸洗 5 次,然后直接将球茎接种于初代诱导培养基上。

二、初代诱导培养

毛唇芋兰初代诱导采用的培养基为 1/2 MS+2.0 mg/L 6-BA+5.0 g/L 琼脂+30.0 g/L 蔗糖,培养基 pH 为 5.8,培养条件为平均光照强度 2 000 lx,光照时间 12 h/d,温度(25±3)℃,30 d 后诱导出芽形成根状茎,诱导率 68%。

三、增殖培养

以毛唇芋兰根状茎为材料进行增殖培养,根状茎增殖培养基为 MS+2.0 mg/L 6-BA+0.5 mg/L NAA+0.2 mg/L IAA+5.0 g/L 琼脂+30.0 g/L 蔗糖,培养基 pH 为 5.8,

毛唇芋兰复壮

毛唇芋兰球茎(1)

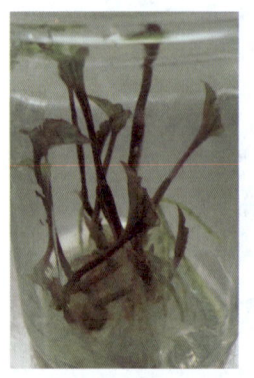

毛唇芋兰球茎(2)

毛唇芋兰球茎(3)

根状茎的增殖率为6.5,根状茎粗细适中。根状茎接入继代增殖培养基10 d后,开始有新芽出现,随后培养基中根状茎大量繁殖。

四、炼苗移栽

将毛唇芋兰球茎和再生植株栽培于疏松、透气、透水、肥效好的黄土加草炭土内,遮阴度为60%,移栽30 d后,球茎发芽成活率达到90%,但再生植株的成活率65%。

毛唇芋兰组培苗移栽

山豆根

山豆根基原植物为豆科Fabaceae苦参属 *Sophora* 的多年生藤状灌木植物越南槐 *Sophora tonkinensis* Gagnep.。别名广豆根,国家二级重点保护植物。小叶为椭圆形;侧脉不明显;总状花序长6～10 cm,花梗被短柔毛,小苞片钻形细小,花冠为白色;基部外面疏被短柔毛,瓣柄卷曲呈线形;荚果为椭圆形,顶端具细尖,黑色光滑。分布于广西、云南和贵州等地,但产量较小。

山豆根以其干燥根及根茎入药,味苦,性寒。有毒。具有清热解毒、消肿止痛的功效,用于喉痛、喉风、喉痹、牙龈肿痛、喘满热咳、肝炎、便秘、黄疸、下痢、痔疾、秃疮、疥癣及蚊虫犬咬伤等。

越南槐植株

山豆根药材

一、外植体选择与消毒

目前越南槐进行组织培养时常采用茎段和种子作为外植体。用幼嫩茎段做外植体时,通常取上部带腋芽的茎段,流水冲洗 30 min,转移至超净工作台内进行无菌操作,经 75% 酒精浸泡 30 s,无菌水清洗 2 次,再用 0.1% $HgCl_2$ + 吐温 -80 灭菌 8 min,无菌水清洗 3 次,用无菌滤纸吸干茎段表面水分,接种于 MS 培养基中。采用种子做外植体时,选取结荚后生长 150～180 d 未开裂的越南槐果荚且饱满的越南槐种子,流水冲洗 30 min,然后移至超净工作台内进行无菌操作,先将种子放入 75% 酒精中浸泡 2 min 后,转入 0.1% $HgCl_2$ 溶液中消毒 10 min,其间不断摇动,无菌水漂洗 5 遍,用无菌滤纸吸干种子表面水分,接种于 MS 启动培养基中,光照时间 16 h/d,光照强度 2 000 lx,培养温度为 (25±1)℃。

二、初代诱导培养

对越南槐茎段进行不定芽诱导时,采用的诱导培养基为 MS + 0.5 mg/L 6 - BA + 0.2 mg/L IAA + 4.0 g/L 琼脂 + 0.5 g/L AC + 20.0 g/L 蔗糖,培养基 pH 为 5.8。光照强度 2 000 lx,光照时间 12 h/d,培养温度为 (25±1)℃,培养 30 d 后,萌发率达 90% 以上,且长出的芽较为健壮。

越南槐初代诱导　　　　　　　　　　越南槐增殖

三、增殖培养

在 MS+1.5 mg/L 6-BA+0.5 mg/L IAA+0.5 mg/L KT+4.0 g/L 琼脂+0.5 g/L AC+20.0 g/L 蔗糖,pH 为 5.8 的培养基上对越南槐不定芽进行增殖培养,每瓶 1~3 个单芽,30 d 后,越南槐的生长率 15% 以上,芽增殖倍数达 12,芽嫩绿粗壮。

四、壮苗生根

将经过壮苗培养的健壮丛生芽分离成单芽,培养基为 1/2 MS+1.0 mg/L NAA+0.4 mg/L IBA+0.1 mg/L ABT+4.0 g/L 琼脂+20.0 g/L 蔗糖,培养基 pH 为 5.8,每瓶

越南槐壮苗生根

5～10个单芽,30 d之后越南槐组培苗生根率与生根数较好,生根率达95%以上。

五、炼苗移栽

经生根培养后,挑选生长旺盛、根系发达的越南槐组培苗移入常温室内放置,松开盖子2 d后掀开盖子让越南槐组培苗与空气完全接触,其间需向瓶内的组培苗洒水保持瓶内的水分充足。3 d后从瓶内取出组培苗,洗净根部残留培养基,移入配制好的沙子:泥土:有机肥=4:4.5:1.5的混合基质中培养,保持大棚内湿度为90%～95%,温度25～30℃,遮光度60%～75%,30 d后移栽苗生长良好,受污染死亡较少,成活率为95%以上。

越南槐组培苗移栽

山乌龟

山乌龟基原植物为防己科 Menispermaceae 千金藤属 Stephania 植物地不容 Stephania epigaea H. S. Lo。别名地不容、金不换。草质、落叶藤本,全株无毛;块根硕大,通常扁球状,暗灰褐色;嫩枝稍肉质,紫红色,有白霜,干时现条纹。叶干时膜质,扁圆形;单伞形聚伞花序腋生,稍肉质,常紫红色而有白粉;果梗短而肉质,核果红色;果核倒卵圆形。花期春季,果期夏季。生于石山,亦常见栽培,分布于云南、贵州、广西、湖南、广东、湖北、四川等地。

山乌龟以块根入药,味苦、辛,性凉。有小毒。具有清热解毒、镇静、理气、止痛的功效。

地不容植株

一、外植体选择与消毒

地不容组织培养常采用茎尖作为外植体。在超净工作台中切取地不容健康无病害的茎尖并洗净,用75%酒精对茎尖灭菌30 s,随后用无菌水冲洗干净,将洗干净的茎尖置于0.1% $HgCl_2$ 溶液(加1或2滴表面活性物质吐温-20)中浸泡消毒8~12 min,捞出,用无菌水浸洗5 min,共2次,最后使用无菌纸将茎尖表层的水分吸干,然后置于诱导培养基上进行诱导培养。

二、初代诱导培养

地不容的初代诱导采用的培养基为MS+1.5 mg/L 6-BA+0.4 mg/L IBA+0.2 mg/L KT+30.0 g/L 蔗糖+5.0 g/L 琼脂,将地不容茎尖接入诱导培养基中培养,培养10 d后,开始有新的不定芽产生,培养30 d后,不定芽诱导率为90%,培养条件为平均光照强度2 000 lx,光照时间12 h/d,温度(24±2)℃。

三、增殖培养

地不容不定芽适宜的增殖培养基为MS+1.0 mg/L TDZ+0.4 mg/L IBA+0.2 mg/L KT+5.0 g/L 琼脂+30.0 g/L 蔗糖,不定芽培养10~15 d有丛生芽产生,30 d后每个地不容不定芽可以分化出丛生芽15~20个。

地不容丛生芽增殖

四、壮苗生根

地不容壮苗生根培养基为 MS+0.2 mg/L IAA+0.5 mg/L NAA+0.5 g/L AC,每瓶 5~10 个单芽,30 d 后,生根率与生根数较好,生根率可达 100%。

地不容壮苗生根

五、炼苗移栽

根据地不容原生境条件,需将腐质土和堆沤发酵好的猪粪按 4:1 均匀混合,用 800 倍托布津可湿性粉剂消毒,装入营养杯中作为移栽基质。将壮苗生根后的地不容完整组培苗取出,洗净其根部附着的培养基并移栽到装好基质的营养杯中,保持 70% 遮阴和生长环境湿润,生长 40 d 地不容组培苗成活率为 100%。

山 银 花

山银花基原植物为忍冬科 Caprifoliaceae 忍冬属 *Lonicera* 植物菰腺忍冬 *Lonicera hypoglauca* Miq.。别名盘腺忍冬、腺背金银花。多年生常绿藤本,小枝、叶柄和总花梗有淡黄褐色短柔毛;叶纸质,下面有无柄或具极短柄的黄色至橘红色蘑菇形腺;双花单生至多朵集生于侧生短枝上,或于小枝顶集合成总状,总花梗比叶柄短或有时较长,苞片与萼筒几等长,外面有短糙毛和缘毛;花冠白色,外面疏生倒微伏毛,并常具无柄或有短柄的腺,雄蕊与花柱均稍伸出,无毛;果实熟时黑色中部有凹槽及脊状凸起,两侧有横沟纹。花期 6~9 月,果期 10~11 月。山银花适应性较强,对气候、土壤条件要求不严,耐寒冷、耐酷热,生于海拔 200~1500 m 丘陵及山地的灌丛或疏林中,分布于广西、广东、云南、贵州、湖南、湖北、浙江、江苏、安徽、江西、福建和台湾等地。除了具有药用价值外,山银花在园林观赏、绿化荒山、保持水土等方面亦具有重要的生态价值。

山银花以干燥花蕾或初开的花入药,味甘,性寒。归肺、心、胃经。具有清热解毒、凉散风热的功效,用于抗炎退热、抗氧化、抗肿瘤、抗过敏、抗动脉粥样硬化、降血脂、保护肝脏、免疫调节等。

菰腺忍冬植株

山银花药材

一、外植体选择与消毒

目前菰腺忍冬组培时常采用春季萌发嫩芽作为外植体。取菰腺忍冬的幼嫩腋芽,用自来水冲洗数次,去掉残留在枝条上的碎泥以及多余的叶片等,再将其剪成长1～2 cm的带腋芽小茎段,置于含有1%洗衣粉的洗涤液中浸泡8～15 min后,在自来水下用细流水冲洗30 min。随后,在超净工作台上用体积比为75%酒精消毒30～40 s,无菌水冲洗3～5次,再置于体积比0.1% $HgCl_2$ 溶液中浸泡10 min,再用无菌水冲洗5次。冲洗结束后,无菌棉布吸干多余水分,再用无菌手术刀切去末端部分组织。最后,将经消毒处理后的茎段接入培养基中进行初代培养。

二、初代诱导培养

菰腺忍冬初代诱导采用的培养基为MS+3.0 mg/L 6-BA+0.5 mg/L KT+5.0 g/L 琼脂+25.0 g/L 蔗糖培养基,培养7 d后,腋芽开始萌发,芽生长状况好。培养30 d后,诱导率可达到60%。培养的平均光照强度为2 000 lx,光照时间为12 h/d,温度(24±2)℃。

三、增殖培养

菰腺忍冬的不定芽在增殖培养基为MS+2.0 mg/L 6-BA+0.5 mg/L KT中培养20 d左右,基部长出5～8个丛生芽,长势较好,叶色浓绿,30 d后丛生芽可成长至3～5 cm。

菰腺忍冬初代诱导

菰腺忍冬增殖

四、壮苗生根

菰腺忍冬生根培养基为 1/2 MS＋0.2 mg/L NAA＋0.5 g/L AC＋5.0 g/L 琼脂＋25.0 g/L 蔗糖。在该培养基生长 20 d 后,底部长出白色嫩根,30 d 后生根率较高,可达到 90%。

菰腺忍冬生根

五、炼苗移栽

当菰腺忍冬组培苗高约 5 cm 时开始炼苗,移栽前先将组培苗移出培养室,在室内闭瓶炼苗 5 d,再将培养瓶盖打开,在全天自然光照、温度为 25 ℃ 的通风条件下炼苗 1～2 d。进行移栽时用镊子轻轻地将组培苗从培养瓶中取出,再用流水轻轻洗净根部残留的培养基,移栽至混炭土：珍珠岩比为 3∶1 的基质中,室内温度为 25 ℃,用塑料薄膜保湿,保持空气湿度在 85.2% 以上,每日喷雾 1 次,30 d 后,菰腺忍冬组培苗成活率可达到 100%。

菰腺忍冬组培苗移栽

蛇果黄堇

蛇果黄堇基原植物为罂粟科 Papaveraceae 紫堇属 Corydalis 植物蛇果黄堇 Corydalis ophiocarpa Hook. f. & Thomson。别名小前胡、弯果黄堇、断肠草。丛生灰绿色草本,高 30～120 cm,具主根;茎常多条,具叶,分枝,枝条花葶状,对叶生;蒴果线形,蛇形弯曲,种子小,黑亮,具伸展狭直的种阜。生于海拔 200～4 000 m 的山地林下、沟边草地,分布于我国西藏、云南、贵州、四川、青海、甘肃、宁夏等地,印度、不丹、日本等地也有分布。

蛇果黄堇以全草入药,味苦、辛,性温。具有活血止痛、祛风止痒的功效,用于跌打损伤、皮肤瘙痒等症。是藏、壮等多民族药。

蛇果黄堇植株

蛇果黄堇药材

一、外植体选择与消毒

蛇果黄堇组培常采用种子和茎尖作为外植体。以茎尖为例,采用生长健壮、无病虫害蛇果黄堇茎尖作为外植体展开诱导时,首先将蛇果黄堇茎尖洗净,在已灭菌的超净工作台内用 75% 酒精消毒 30 s,再用无菌水浸洗一遍,将洗干净的茎尖置于 0.1% $HgCl_2$ 溶液浸泡消毒 5～10 min,再用无菌水涮洗一遍,选用无菌滤纸将外植体表层的液体吸干,然后置于诱导培养基上进行诱导培养。

二、初代诱导培养

蛇果黄堇初代诱导采用的培养基为 MS+0.2 mg/L IBA+0.1 mg/L IAA+0.3 mg/L 6-BA+5.0 g/L 琼脂+25.0 g/L 蔗糖,培养基 pH 为 5.8,将蛇果黄堇茎尖接入诱导培养基,对蛇果黄堇不定芽诱导实施改进与优化。培养 20 d 后,开始有新的不定芽产生;培养 30 d 后,不定芽诱导率为 100%,增殖倍数在 8 倍以上,在平均光照强度 2 000 lx 下培养,光照时间 12 h/d,温度 22~26 ℃。

蛇果黄堇初代诱导

蛇果黄堇丛生芽增殖

三、增殖培养

蛇果黄堇的不定芽增殖培养基为 MS+2.0 mg/L 6-BA+0.5 mg/L KT,培养 20 d 左右,基部长出 8~10 个丛生芽,长势较好,叶色浓绿,30 d 后丛生芽可成长至 3~5 cm。培养条件与初代诱导培养条件相同。

四、壮苗生根

蛇果黄堇壮苗生根培养基为 MS+0.5 mg/L NAA+2.0 mg/L IBA+5.0 g/L 琼脂+25.0 g/L 蔗糖,培养基 pH 为 5.8,30 d 后蛇果黄堇组培苗生根率与生根数较好,达到 100%,每株组培苗平均根数在 35 根以上,且主根明显,根粗,侧根根系较发达。培养条件

蛇果黄堇壮苗生根

与初代诱导培养条件相同。

五、炼苗移栽

经生根培养后挑选生长旺盛、根系发达的蛇果黄堇组培苗移入常温室内放置,松开盖子2d后,掀开盖子让蛇果黄堇组培苗与空气完全接触,其间需向瓶内的植株苗洒水保持瓶内的湿度。3d后从瓶内取出幼苗,洗净根部的培养基,移入装有事先消毒好的泥炭土:蛭石=3∶1的基质上,适度遮阴,并保持一定的湿度,30d蛇果黄堇组培苗成活率为60%以上。

蛇果黄堇组培苗移栽

生 姜

生姜基原植物为姜科 Zingiberaceae 姜属 Zingiber 植物姜 Zingiber officinale Rosc.,别名白姜、均姜,为药食同源植物。多年生草本,株高0.5~1m;根茎肥厚,多分枝,有芳香及辛辣味;叶片披针形或线状披针形,长15~30cm,宽2~2.5cm,无毛,无柄,叶舌膜质,长2~4mm;总花梗长达25cm,穗状花序中球果状,长4~5cm,苞片卵形,长约2.5cm,淡绿色或边缘淡黄色,顶端有小尖头,花萼长约1cm,花冠黄绿色,管长2~2.5cm,裂片披针形,长不及2cm,唇瓣中央裂片长圆状倒卵形,短于花冠裂片,有紫色条纹及淡黄色斑点,侧裂片卵形,长约6mm,雄蕊暗紫色,花药长约9mm,药隔附属体钻状,长约7mm。花期秋季。生于亚洲热带与亚热带阳光较充足的地区,分布于四川乐山、宜宾等地,在贵州、广东、江苏、浙江、广西、湖北、湖南等我国中部、东南部至西南部各省区广为栽培,亚洲热带地区亦常见栽培。

生姜以新鲜或炮制加工的根茎入药。以新鲜根茎入药时称生姜。味辛,性微温,归肺、脾、胃经。具有解表散寒、温中止呕、化痰止咳、解鱼蟹毒的功效,用于风寒感冒、胃寒呕吐、寒痰咳嗽、鱼蟹中毒等症。以干燥根茎入药时,称干姜。味辛,性热,归脾、胃、肾、心、肺经。具有温中散寒、回阳通脉、温肺化饮的功效,用于脘腹冷痛、呕吐泄泻、肢冷脉微、寒饮喘咳等症。以干姜经烫法所得炮制品入药,称炮姜。味辛,性温,有毒。归肝、脾经。具有破瘀通经、消积杀虫的功效,用于瘀血经闭、癥瘕积聚、虫积腹痛。

姜植株　　　　　　　　　　　　　　生姜药材

一、外植体选择与消毒

姜组织培养外植体主要包括茎尖分生组织、幼芽、幼茎、叶片及花芽等。以根茎上的幼芽为例,选择健壮、无虫咬和无伤口的光洁姜块,催芽,或选择田间外观良好带芽根状茎,于超净工作台内切取刚刚萌生的 2 cm 左右的健壮幼芽,先后用 75% 酒精灭菌 30 s, 0.1% $HgCl_2$ 灭菌 12 min,再用无菌水浸洗 3 次,无菌滤纸吸干幼芽表层水分后,接种于 MS 初代诱导培养基上进行培养。该外植体的处理方法可在保证存活率为 100% 时,达到 99% 以上的灭菌率。

二、初代诱导培养

姜初代诱导采用的培养基为 MS+2.0 mg/L 6-BA+0.2 mg/L KT+0.2 mg/L NAA+5.0 g/L 琼脂+30.0 g/L 蔗糖,培养基 pH 为 5.8。幼芽在无菌条件下培养 7~10 d,不产生愈伤,幼苗基部逐渐膨大,产生白色突起,进而转为淡黄色的嫩芽,随着时间的推进,叶和芽同时生长,并渐渐变为绿色的新芽,新芽诱导率为 100%。平均光照强度 2 000 lx,光照时间 12 h/d,温度(24±2)℃。

姜初代诱导

三、增殖培养

姜丛生芽增殖培养基为 MS+4.0 mg/L 6-BA+0.2 mg/L KT+0.2 mg/L NAA+5.0 g/L 琼脂+30.0 g/L 蔗糖，培养基 pH 为 5.8。取初代培养所得新的不定芽，按每瓶 1~3 个单芽接种至增殖培养基。增殖培养大约 25 d，每个芽平均可产生 5~7 个无根的丛生芽，培养大约 30 d，增殖倍数为 6~7 倍。培养条件与初代诱导培养的条件相同。

姜丛生芽增殖

姜壮苗生根

四、壮苗生根

姜的生根培养基为 1/2 MS+0.4 mg/L NAA+5.0 g/L 琼脂+30.0 g/L 蔗糖，培养基 pH 为 5.8。姜生根培养时，切取增殖培养所得丛生芽，按每瓶 3~5 个单芽接种至生根培养基，培养大约 15 d，芽基部开始出现白色幼根，20 d 左右生根整齐、粗壮，根系活力强。该培养基不仅可以生根，还可以起到壮苗的作用，其生根率达到 95% 以上，提高了生姜幼苗移栽的成活率。

五、炼苗移栽

待根长 2~3 cm 时,选择生长旺盛、根系良好的姜组培苗,在室温下开盖、添加薄层水,在组培瓶内炼苗 7 d。再洗净根部培养基,移栽到营养土:珍珠岩=3:1 的混合基质中,适度遮阴和保湿培养。在基质中炼苗生长 25 d 左右,姜植株幼苗长势旺盛,根系发达,成活率在 98% 以上。炼苗移栽中,注意防治虫害和预防病毒感染。该法不仅可以克服姜无法进行有性繁殖的不足,也能达到提纯复壮的效果。

姜组培苗移栽

石 凤 丹

石凤丹基原植物为兰科 Orchidaceae 斑叶兰属 *Goodyera* 高斑叶兰 *Goodyera procera* (Ker-Gawl.) Hook.。别名高宝兰、斑叶兰、穗花斑叶兰、金银草等,为国家二级重点保护植物。植株高 80 cm 左右;根状茎粗短;花茎高 12~50 cm,具 3~7 鞘状苞片,花序密生多花,花序轴被毛;花瓣白色,匙形,基部囊状,内面有多数腺毛,前部反卷,唇盘上具 2 枚胼胝体。生于海拔 250~1 550 m 林下,分布于安徽、浙江、福建、台湾、广东、香港、海南、广西、四川西部至南部、贵州、云南、西藏东南部等地。

石凤丹以全草入药,味苦、辛,性温。具有祛风除湿、养血舒筋、止咳平喘的功效,用于风寒湿痹、半身不遂、跌打损伤、肺痨咯血、咳喘、病后虚弱等症。

高斑叶兰植株

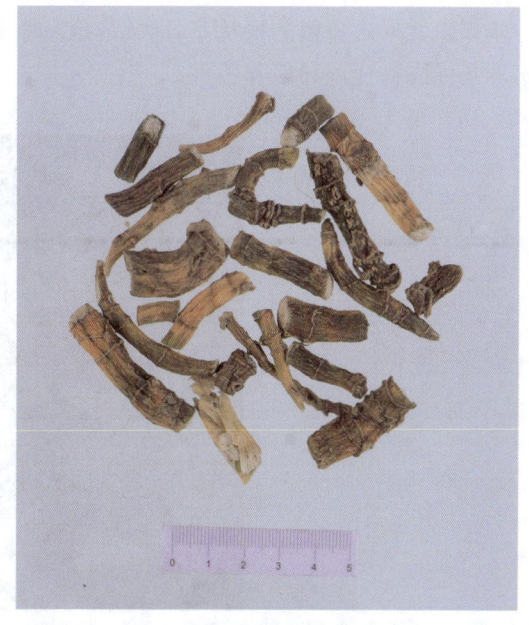
石凤丹药材

一、外植体选择与消毒

高斑叶兰组培时常采用当年生带节茎段作为外植体。剪取生长健壮、无病虫害高斑叶兰当年生带节茎段,切成1芽1节,自来水冲洗干净,于超净工作台内用75%酒精消毒30 s,再无菌水反复冲洗3~5次,将洗干净的茎段置于0.1% $HgCl_2$ 溶液(加1滴表面活性物质吐温-20)浸泡消毒8 min,接着用无菌水冲洗5次,置于无菌滤纸上将水分吸干备用。

二、初代诱导培养

初代诱导采用的培养基为MS+0.5 mg/L 6-BA+0.5 mg/L NAA+5.0 g/L 琼脂+25.0 g/L 蔗糖,培养基pH为5.8。于超净工作台内,将已消毒的高斑叶兰带节茎段接入诱导培养基培养,培养10 d,茎节处开始萌动,培养30 d后长出绿色不定芽,不定芽诱导率为89%,在平均光照强度1800 lx下培养,光照时间12 h/d,温度(26±2)℃。

三、增殖培养

将诱导出的不定芽从茎段上切下进行丛生芽诱导及增殖培养。高斑叶兰不定芽适宜的增殖培养基为MS+2.0 mg/L TDZ+0.2 mg/L

高斑叶兰初代诱导

KT+0.2 mg/L IBA+5.0 g/L 琼脂+25.0 g/L 蔗糖,培养基 pH 为 5.8。培养 20 d 时不定芽基部膨大形成短粗的根状茎,30 d 形成丛生芽,每个不定芽可以分化出 3～5 个丛生芽。培养条件同初代诱导培养条件。

高斑叶兰丛生芽增殖

四、壮苗生根

将高斑叶兰丛生芽单个切下转接至生根培养基 1/2 MS+1.0 mg/L IBA+0.5 mg/L NAA+0.5 g/L AC+5.0 g/L 琼脂+25.0 g/L 蔗糖,培养基 pH 为 5.8。每瓶 5～10 个单芽,15 d 左右开始生根,25 d 后高斑叶兰组培苗生根率达到 90% 以上,每株 3～4 条根,根长 2～3 cm,根系粗壮。培养条件同初代诱导培养条件。

高斑叶兰壮苗生根

五、炼苗移栽

当生根苗长到高 7~8 cm,2~4 片叶,4~6 条根,根长 2.5~3.5 cm 时,将组培瓶移至室外放置 2~4 d,再揭开盖子 3 d 以增强高斑叶兰组培苗对室外环境的适应能力。从瓶内取出组培苗,洗净根部的培养基,移入透气性好基质中,保持阴凉通风。所用基质为蛭石∶珍珠岩∶木屑∶腐殖土=1∶1∶1.5∶2 混合,30 d 后高斑叶兰组培苗成活率为 90%以上。

高斑叶兰组培苗移栽

石 仙 桃

石仙桃基原植物为兰科 Orchidaceae 石仙桃属 *Pholidota* 植物石仙桃 *Pholidota chinensis* Lindl.。别名石橄榄、石莲、金瓜核、上树瓜子等,为国家二级重点保护植物。根状茎匍匐,假鳞茎窄卵状长圆形;2 叶顶生于假鳞茎,总状花序,花白色或带浅黄色;蒴果倒卵状椭圆形,有 6 棱,3 个棱上有狭翅。花期 4~5 月,果期 9 月~次年 1 月。生于海拔 1500 m 以下的山林下岩石上或附生于他树上,少数可达 2500 m,分布于华东、华南和西南大部分地区。

石仙桃以假鳞茎或全草入药,味甘、微苦,性凉。具有清热养阴、化痰止咳、利湿消瘀的功效,用于高血压、消化不良、腹痛、瘀毒肿痛、风湿性关节炎疼痛、头晕和各种原因引起的头痛。

石仙桃植株

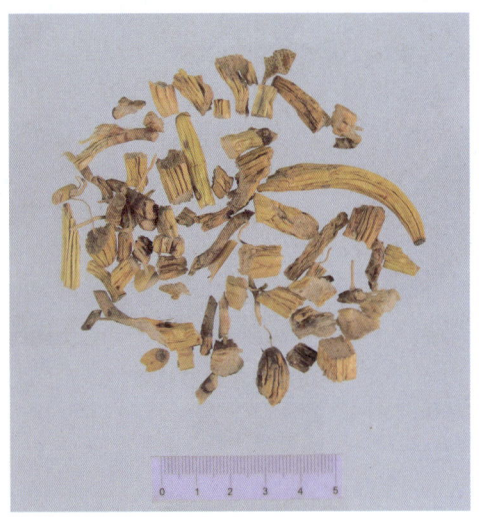

石仙桃药材

一、外植体选择与消毒

石仙桃组织培养常采用种子作为外植体。首先将石仙桃成熟蒴果擦拭干净,自来水冲洗15 min,于超净工作台内75%酒精消毒120 s,无菌水反复冲洗3~5次,将洗干净的材料置于0.1% $HgCl_2$ 溶液浸泡消毒10~15 min,接着用无菌水冲洗6~8次,置于无菌滤纸上将水吸干,用已消毒解剖刀将蒴果剖开,把种子均匀撒播在固体培养基上进行诱导培养。

二、初代诱导培养

石仙桃初代培养基为1/2 MS+10%椰子汁+5.0 g/L 琼脂+25.0 g/L 蔗糖,培养基pH为5.8。培养50 d后,石仙桃种子萌发出淡黄绿色原球茎,70 d后萌发率约70%。培养室平均光照强度2 000 lx下培养,光照时间12 h/d,温度(24±2)℃。

石仙桃初代诱导

三、增殖培养

将石仙桃原球茎转接至增殖培养基 MS+2.0 mg/L TDZ+0.5 mg/L NAA+5.0 g/L 琼脂+25.0 g/L 蔗糖，培养基 pH 为 5.8。每瓶接种原球茎 5 个。30 d 后出现原球茎大量扩增，增殖系数 15 以上，且原球茎健壮浓绿。培养条件与初代诱导培养条件相同。

石仙桃丛生芽增殖

石仙桃壮苗生根

四、壮苗生根

增殖培养得到石仙桃丛生芽长至高 3～5 cm 即可进行生根培养。石仙桃生根培养基为 1/2 MS+20%土豆泥+5.0 g/L 琼脂+25.0 g/L 蔗糖，培养基 pH 为 5.8，每瓶 5～10 个单芽，30 d 后生根率达 95%，每株根数 3 根以上。培养条件与初代诱导培养条件相同。

五、炼苗移栽

经生根培养后，挑选生长旺盛、根系发达的石仙桃组培苗移入常温室内放置，将组培瓶盖松开但不揭开，14 d 后将完整带根石仙桃组培苗取出，清水洗净根部培养基，吸干根部水分，移栽至以无菌的蛭石：草炭土：树皮＝1：2：1 比例混合的基质中，适度遮阴，每 5 d 浇水 1 次，生长 30 d 石仙桃组培苗移栽成活率约为 80％。

太 子 参

太子参基原植物为石竹科 Caryophyllaceae 孩儿参属 *Pseudostellaria* 多年生草本植物孩儿参 *Pseudostellaria heterophylla*（Miq.）Pax。别名太子参、异叶假繁缕。高 15～20 cm，块根长纺锤形，白色，稍带灰黄；茎直立，单生；叶片倒披针形，顶端钝尖，基部渐狭呈长柄状；腋生或呈聚伞花序，花瓣 5，白色，蒴果宽卵形，含少数种子。花期 4～7 月，果期 7～8 月。生于海拔 800～2 700 m 的山谷林下阴湿处，分布于辽宁、内蒙古、河北、陕西、山东、江苏、安徽、浙江、江西、河南、湖北、湖南、四川。

孩儿参植株

太子参药材

太子参以干燥块根入药,味甘、微苦,性平。具有益气健脾、生津润肺的功效,用于脾虚体倦、食欲不振、病后虚弱、气阴不足、自汗口渴、肺燥干咳等症。

一、外植体选择与消毒

孩儿参组织培养通常采用茎尖作为外植体。首先用去污剂和清水将孩儿参茎尖洗净,在超净工作台内(后续初代诱导、增殖培养和壮苗生根操作均同)用75%酒精灭菌30 s,再将茎尖置于0.1% $HgCl_2$ 溶液浸泡消毒10 min,用无菌水浸洗2次,每次浸洗5 min,然后用无菌纸将实验材料表层的水分吸干。

二、初代诱导培养

将灭菌后的孩儿参茎尖接种到诱导培养基MS+1 mg/L IBA+0.6 mg/L 6-BA+2.0 mg/L KT+5.0 g/L 琼脂+25.0 g/L 蔗糖,培养基pH为5.8,在平均光照强度2 000 lx下培养,光照时间12 h/d,温度(24±2)℃。接种后7 d就有不定芽产生。培养30 d后,不定芽诱导率为100%,每个孩儿参茎尖可以诱导出3~8个不定芽。

孩儿参初代诱导

孩儿参增殖

三、增殖培养

将初代诱导后的带芽茎段接种到增殖培养基MS+1 mg/L IBA+0.4 mg/L 6-BA+1.0 mg/L KT+5.0 g/L 琼脂+25.0 g/L 蔗糖,培养基pH为5.8,每瓶4个芽,培养条件与初代诱导培养条件相同。接种后7 d就有丛生芽产生,30 d后每个不定芽可增殖出8~15个丛生芽。

四、壮苗生根

将健壮孩儿参丛生芽接种到生根培养基MS+5.0 g/L 琼脂+45.0 g/L 蔗糖,培养基pH为5.8,每瓶4个单芽,培养条件与初代诱导培养条件相同。接种10 d,孩儿参丛生芽开始长根,30 d后太子参组培苗生根率和生根数较好,生根率达100%。细根系较多,膨大根数 3～5 根,根长纺锤形,白色,稍带灰黄,长 0.5～2 cm,粗 1～3 mm。

孩儿参壮苗生根

五、炼苗移栽

将完整带根孩儿参组培苗取出,洗净根部培养基立即移栽到珍珠岩、蛭石和育苗土等基质中。移栽时,要把组培苗的大部分茎节都盖上基质,仅露出顶部 1 或 2 节,这样有利于茎节保湿和长参。适度遮阴,保持湿润生长,3 种基质对组培苗移栽成活率无显著差异,30 d 后,太子参组培苗成活率为 100%。

孩儿参组培苗移栽

天 冬

天冬的基原植物为百合科 Liliaceae 天门冬属 Asparagus 多年生攀援植物天门冬

Asparagus cochinchinensis（Lour.）Merr。别名天冬。根在中部或近末端成纺锤状膨大,膨大部分长3~5cm,粗1~2cm;茎平滑,常弯曲或扭曲,长可达1~2m,分枝具棱或狭翅;叶状枝通常每3枚成簇,扁平或由于中脉龙骨状而略呈锐三棱形,稍镰刀状;茎上的鳞片状叶基部延伸为长2.5~3.5mm的硬刺,在分枝上的刺较短或不明显;花通常每2朵腋生,淡绿色;浆果直径6~7mm,熟时红色,有1颗种子。花期5~6月,果期8~10月。生于海拔1750m以下的山坡、路旁、疏林下、山谷或荒地上,分布于我国河北、山西、陕西、甘肃等地的南部至华东、中南、西南各省区,朝鲜、日本、老挝和越南也有分布。

天冬以块根入药,味甘、苦,性寒。归肺、肾经。具有养阴润燥、清肺生津的功效,用于肺燥干咳、顿咳痰黏、腰膝酸痛、骨蒸潮热、内热消渴、热病津伤、咽干口渴、肠燥便秘。

天门冬植株

天冬药材

一、外植体选择与消毒

目前天门冬组培时常采用茎段作为外植体。取天门冬的幼嫩枝条,用自来水冲洗去掉残留在枝条上的碎泥等,剪成1~2cm长的小茎段,放在加有1%洗衣粉的洗涤液中浸泡5~8min,在自来水下用细流水冲洗20min。在超净工作台上用体积分数75%的酒精消毒10~40s,无菌水冲洗3~5次,0.1% $HgCl_2$ 处理7min,再用无菌水冲洗5次,用无菌棉布吸干部分水分后,切去末端部分组织,将经灭菌处理后未变色、无褐化的茎段接入培养基中进行初代培养。培养的平均光照强度为2000lx,光照时间为12h/d,温度(24±2)℃。

二、初代诱导培养

天门冬初代诱导采用的培养基为MS+1.0mg/L 6-BA+0.2mg/L NAA+0.2mg/L KT+5.0g/L琼脂+25.0g/L蔗糖,培养30d后,出芽率在92%以上,不定芽生长状况好。

天门冬初代诱导

三、增殖培养

天门冬不定芽在增殖培养基 MS+1.0 mg/L 6-BA+0.05 mg/L NAA+0.1 mg/L KT+5.0 g/L 琼脂+25.0 g/L 蔗糖+0.5 g/L AC 中培养 20 d 左右,即可获得 2~3 倍的增殖系数,培养条件与初代诱导培养条件相同。

天门冬增殖

四、壮苗生根

天门冬组培苗生根以 1/2 MS 培养基为基础培养基。不添加任何激素的 1/2 MS 培养基不能诱导天门冬芽苗生根,单独添加 IBA 或 NAA 时,生根率均较低,为 25%~49%。当 0.5 mg/L IBA 和 0.5 mg/L NAA 配合使用时,即 1/2 MS+0.5 mg/L IBA+0.5 mg/L NAA+5.0 g/L 琼脂+25.0 g/L 蔗糖+0.5 g/L AC 组合,对生根有明显的促进作用,生根率达到76.8%,且生根速度也加快,培养条件与初代诱导培养条件相同。

天门冬壮苗生根

五、炼苗移栽

健壮的天门冬生根组培苗高约5 cm时开始炼苗。移栽前先把组培苗移出培养室,闭瓶炼苗6 d,再将培养瓶盖打开,在全天自然光照、温度25℃的通风条件下炼苗3~5 d。移栽时用镊子或玻璃棒将天门冬组培苗从培养瓶中取出,用清水洗干净根部残留培养基,移栽入已灭过菌的等体积的菜园土与河沙的混合基质中,移栽后7~10 d内用塑料薄膜保湿,光照强度以遮光率为60%左右为宜,保持空气湿度在85%以上,每天喷雾1次。14 d左右长出新根,每株平均根数为2~5条,30 d后天门冬组培苗移栽成活率82%以上。

天门冬组培苗移栽

条叶报春苣苔

条叶报春苣苔基原植物为苦苣苔科 Gesneriaceae 报春苣苔属 *Primulina* 植物条叶报春苣苔 *Primulina ophiopogoides* (D. Fang & W. T. Wang) Yin Z. Wang。别名条叶唇柱苣苔。多年生草本,木质根状茎粗壮,疏被短毛;叶多数簇生于根状茎分枝顶端,肉质,干时革质,边缘有稀疏刺状小齿,幼时有粉状小颗粒;花盘环状,蒴果线形且被短腺毛。生于海拔 160~600 m 的石灰岩山林中陡崖上,分布于广西扶绥和龙州。

条叶报春苣苔以根状茎入药,用于风湿骨痛等症。

条叶报春苣苔植株

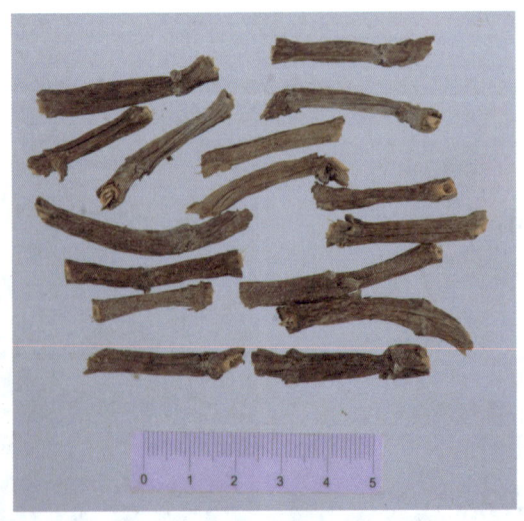

条叶报春苣苔药材

一、外植体选择与消毒

条叶报春苣苔组织培养以健康新叶为外植体,采用 0.2% 的洗衣粉水浸泡约 10 min,再用自来水清洗 3 次以上,用吸水纸吸干表面水分。置于超净工作台内用无菌水清洗后,再用无菌的吸水纸吸干表面水渍,采用 70% 酒精浸泡 30~60 s,0.1% $HgCl_2$ 消毒 5~6 min,无菌水漂洗 5 次,滤干水分,将条状叶剪成长 1~2 cm 的节段,接种在初代诱导培养基中培养,每瓶接种 1 个外植体。

二、初代诱导培养

诱导培养基为 MS+0.5 mg/L 2,4-D+0.5 mg/L IAA+0.5 mg/L NAA+5.0 g/L 琼脂+30.0 g/L 蔗糖,培养基 pH 为 5.8,培养 14 d 时,叶片蜷缩长出愈伤,50 d 时,愈伤乳白色,并分化出 1~2 cm 高不定芽,呈翠绿色。培养温度为 (25±2)℃,光照时间为 12 h/d,光照强度为 1 500~2 200 lx。

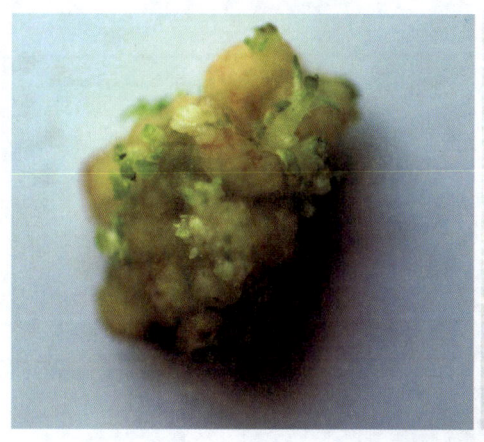

条叶报春苣苔初代诱导

三、增殖培养

条叶报春苣苔增殖培养基为 MS+0.5 mg/L NAA+1.5 mg/L 6-BA+5.0 g/L 琼脂+30.0 g/L 蔗糖,培养基 pH 为 5.8,将长 2~3 cm 的不定芽接种到增殖培养基进行繁殖。60 d 左右,不定芽长出翠绿色的丛生芽,株高为 4~5 cm,丛生芽平均增殖系数为 9,部分健壮的丛生芽植株也开始长出不定根。

四、壮苗生根

条叶报春苣苔壮苗生根培养基为 MS+2.0 mg/L IBA+0.5 mg/L AC+5.0 g/L 琼脂+30.0 g/L 蔗糖,培养基 pH 为 5.8,该培养基生根效果良好。60 d 左右,条叶报春苣苔组培苗的培养平均根长为 4.6 cm,生根率达到 100%。

条叶报春苣苔壮苗生根

五、炼苗移栽

条叶报春苣苔组培苗在生根培养基中培养 30 d 左右,根长至 1～3 cm,在常温室内打开盖子炼苗 2 d,转移至走廊处放置炼苗 3 d,将生根试管苗小心地从培养瓶中取出,用水洗净根部残留的培养基,栽入经高压灭菌的黄土∶河沙∶草炭土＝3∶1∶1 的基质中,置于室内 1 周,2 d 浇水 1 次,保持土质湿润。15 d 后成活率达 95% 以上。

条叶报春苣苔组培苗移栽

铁皮石斛

铁皮石斛基原植物为兰科 Orchidaceae 石斛属 *Dendrobium* 植物铁皮石斛 *Dendrobium officinale* Kimura et Migo。别名黑节草、云南铁皮,为国家二级重点保护植物。茎直立,圆柱形,不分枝,具多节,常在中部以上互生 3~5 枚叶;叶二列,纸质,长圆状披针形,先端钝并且多少钩转,花序轴回折状弯曲,花苞片干膜质,蕊柱足黄绿色带紫红色条纹,疏生毛;药帽白色,顶端近锐尖并且 2 裂。附生于岩石或树干上,喜半阴半阳、温暖、湿润且通风排水良好的环境,分布于广西西北部、安徽西南部、浙江东部、福建西部、四川、云南东南部。

铁皮石斛植株

铁皮石斛药材

铁皮石斛以茎入药,味甘,性微寒。归胃、肾经。具有益胃生津、滋阴清热的功效,用于热病津伤、口干烦渴、胃阴不足、食少干呕、病后虚热不退、阴虚火旺、骨蒸劳热、目暗不明、筋骨痿软。

一、外植体选择与消毒

铁皮石斛组织培养采用种子作为外植体。将铁皮石斛蒴果先用毛刷在流水下洗净,在超净工作台中用 75% 酒精对其灭菌 30 s,再用 84 消毒液浸泡 10 min,用无菌水冲洗 3 或 4 次,置于无菌滤纸上晾干。用剪刀剪开一端,将铁皮石斛种子倒入无菌水中,每瓶均使用移液枪吸取 1 mL 均匀撒在 MS 培养基上进行培养,直至长出原球茎可用于初代诱导培养。

二、初代诱导培养

铁皮石斛的初代诱导采用的培养基为 MS＋1.0 mg/L 6-BA＋1.0 mg/L NAA＋0.5 g/L AC＋5.0 g/L 琼脂＋30.0 g/L 蔗糖,培养基 pH 为 5.8。将铁皮石斛原球茎接种于培养基中,培养 60 d 后,其原球茎诱导率可达到 100%,培养条件为平均光照强度 2 000 lx,光照时间 12 h/d,温度 (24±2)℃。

铁皮石斛初代诱导

三、增殖培养

铁皮石斛不定芽的增殖培养基为 MS+1.0 mg/L 6-BA+1.0 mg/L NAA+0.5 g/L AC+5.0 g/L 琼脂+30.0 g/L 蔗糖,每个培养瓶可接入 4 个不定芽进行增殖培养,30 d 后增殖出大量原球茎。其中添加有机物(例如马铃薯泥,添加量为 20～60 g/L)可以减少新生组织褐化并促进原球茎增殖。

铁皮石斛原球茎增殖

铁皮石斛组培苗扩繁

四、壮苗生根

铁皮石斛壮苗生根培养基,基于 1/2 MS 培养基添加 0.5 mg/L NAA 和 0.5 g/L AC,pH 为 5.8,每瓶接入 5～10 个高度 2～3 cm 的原球茎,30 d 后铁皮石斛组培苗生根率 100%,生根数较好。

铁皮石斛壮苗生根

五、炼苗移栽

在 3～5 月或 10～11 月气温凉爽时移栽效果好,将铁皮石斛瓶苗置于温室中开盖炼苗 15 d,将壮苗生根后的铁皮石斛苗完整取出,洗净其根部附着的培养基并立即移栽到高温灭菌后的蛭石中,遮光 95%,3～7 d 浇水一次,待生长稳定后遮光度改为 75%～80%,3～5 d 浇水一次,可适当每 10 d 淋施缓释肥。30 d 后,铁皮石斛组培苗成活率 100%。

铁皮石斛组培苗移栽

土茯苓

土茯苓基原植物为菝葜科 Smilacaceae 菝葜属 *Smilax* 植物光叶菝葜 *Smilax glabra* Roxb.。别名冷饭团、硬饭头、红土苓。攀援灌木;根状茎粗厚,块状,常由匍匐茎相连接,茎长 1~4 m,枝条光滑,无刺;叶薄革质,狭椭圆状披针形至狭卵状披针形,先端渐尖,下面通常绿色,有时带苍白色;叶柄有卷须,脱落点位于近顶端;伞形花序通常具 10 余朵花;在总花梗与叶柄之间有一芽;花序托膨大,连同多数宿存的小苞片多少呈莲座状,花绿白色,六棱状球形,雄花外花被片近扁圆形,兜状,背面中央具纵槽;内花被片近圆形,边缘有不规则的齿;雄蕊靠合,与内花被片近等长,花丝极短;雌花外形与雄花相似,但内花被片边缘无齿,具 3 枚退化雄蕊;浆果熟时紫黑色,具粉霜。花期 7~11 月,果期 11 月至次年 4 月。生于海拔 1800 m 以下的林中、灌丛下、河岸或山谷中,也见于林缘与疏林中,分布于我国甘肃(南部)和长江流域以南各地,越南、泰国和印度也有分布。

土茯苓以根茎入药,味甘、淡,性平。归肝、胃经。具有解毒、除湿、通利关节的功效,用于梅毒及汞中毒所致的肢体拘挛、筋骨疼痛、湿热淋浊、带下、痈肿、瘰疬、疥癣等症。

光叶菝葜植株

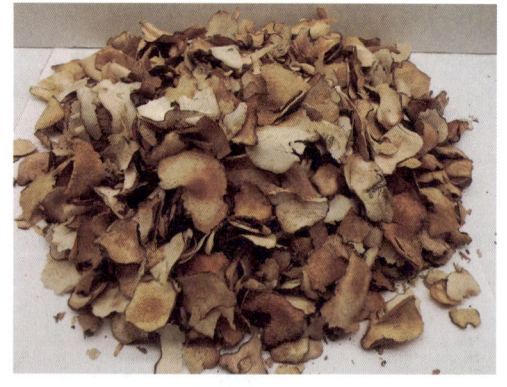

土茯苓药材

一、外植体选择与消毒

光叶菝葜组培时常采用茎段作为外植体。采用生长健壮、无病虫害光叶菝葜茎段作为外植体展开诱导时,首先用自来水冲洗去掉残留在茎段上的碎泥等,然后将其剪成 1~2 cm 长的带腋芽小茎段,放在加有 1% 洗衣粉的洗涤液中浸泡 10 min,在自来水下用细流水冲洗 20 min。在超净工作台上用体积分数 75% 的酒精消毒 10~40 s,无菌水冲洗 3~5 次,0.1% $HgCl_2$ 处理 6~7 min,再用无菌水冲洗 5 次,用棉布吸干部分水分后,切去末端部分组织,然后将经灭菌处理后未变色、无褐化的茎段接入培养基中进行初代培养。

二、初代诱导培养

光叶菝葜初代诱导培养基以 MS＋0.5 mg/L 6‑BA＋0.2 mg/L NAA＋5.0 g/L 琼脂＋25.0 g/L 蔗糖最好,芽启动时间为 14 d。培养 30 d,不定芽诱导率为 95%,出芽整齐,芽苗健壮,在平均光照强度 2 000 lx 下培养,光照时间 12 h/d,温度(24±2)℃。

光叶菝葜初代诱导

三、增殖培养

适合光叶菝葜的增殖培养基为 MS＋0.6 mg/L 6‑BA＋0.4 mg/L NAA＋5.0 g/L 琼脂＋25.0 g/L 蔗糖＋1.0 g/L AC,不定芽在培养 21 d 有丛生芽产生,30 d 后每个不定芽可以分化出 5～15 个丛生芽。光叶菝葜在增殖培养过程中容易褐化,增殖过程添加活性炭可有效防止褐化,培养条件与初代诱导培养条件相同。

光叶菝葜增殖

四、壮苗生根

为获得优质的光叶菝葜组培生根苗,增殖后的光叶菝葜丛生芽应先进行壮苗培养,最适合光叶菝葜的丛生芽壮苗培养基为 MS+0.25 mg/L 6-BA+0.2 mg/L IBA+0.4 mg/L NAA,壮苗 15 d 后,光叶菝葜组培苗健壮;基于 MS+0.25 mg/L 6-BA+0.4 mg/L NAA+0.5 g/L AC 开展光叶菝葜组培苗生根。光叶菝葜生根较慢,接近 30 d 才开始生根,根多、根系粗壮,生根率达 80% 以上,培养条件与初代诱导培养条件相同。

光叶菝葜壮苗生根

五、炼苗移栽

经生根培养后,挑选生长旺盛、根系发达的光叶菝葜组培苗移入常温室内放置,松开盖子 2 d 后掀开盖子让组培苗与空气完全接触,其间需向瓶内的组培苗洒水保持瓶内的湿度。3 d 后从瓶内取出组培苗,洗净根部的培养基,移栽基质以育苗土较佳;适度遮阴,并保持一定的湿度,30 d 光叶菝葜组培苗成活率为 85% 以上。

光叶菝葜组培苗移栽

五指毛桃

五指毛桃基原植物为桑科 Moraceae 榕属 Ficus 的多年生小乔木或灌木状植物粗叶榕 Ficus hirta Vahl。别名五爪龙、粗叶榕、大果佛掌榕、土黄芪、五指牛奶等,因其叶子长得像五指,且叶片长有细毛,果实成熟时外观与毛桃相似而得名。小枝被刚毛,叶互生,纸质,长椭圆状卵形或宽卵形,长 10~25 cm,具细锯齿,不裂或 3~5 深裂,沿主脉和侧脉被刚毛;叶柄长 2~8 cm,托叶卵状披针形,长 1~3 cm,膜质,红色,被柔毛。榕果球形或椭圆状球形,被刚毛,无柄或近无柄,径 1~1.5 cm,幼时顶部苞片脐状,基生苞片卵状披针形,长 1~3 cm,膜质,红色,被柔毛;雌花榕果球形,雄花及瘿果卵球形,无柄或近无柄,径 1~1.5 cm,幼时顶部苞片脐状,基生苞片早落,卵状披针形,被平伏柔毛;雄花生于榕果内壁近口部,具梗,花被片 4,披针形,红色,雄蕊 2 或 3 枚,花药长于花丝;瘿花花被片 4,花柱短,侧生,柱头漏斗形;雌花生于雌株榕果内,花被片 4。瘦果椭圆状球形,光滑,花柱贴生于侧微凹处,细长,柱头棒状。分布于亚洲的温带和亚热带地区,特别是在华南地区,广泛分布于东南部及南部地区深山幽谷中,如广东、广西、福建、海南等地。

五指毛桃以根入药,味辛、甘,性平。具有活络舒筋、补肺健脾和行气利湿的功效,用于肺痨咳嗽、脾虚浮肿、盗汗、食少无力、月经不调、带下、水肿、产后无乳、风湿痹痛等症。五指毛桃作为药材,是复方川贝止咳糖浆、滋肾宁神丸、脑萎缩丸、宫炎平胶囊、宫炎平分散片等多种中成药的原材料。

粗叶榕植株

五指毛桃药材

一、外植体选择与消毒

目前粗叶榕组培时常采用种子、叶片或茎尖作为外植体。以种子做外植体时,在超净工作台上,先用无菌水浸洗五指毛桃种子 2 次,每次浸洗 2～3 min,浸洗时轻轻摇晃,再用 75% 酒精浸洗 30 s,无菌水冲洗 3 或 4 次,然后用 0.1% $HgCl_2$ 消毒 12 min,用无菌水冲洗 4 次,置于无菌滤纸中晾干水分,接入培养基中。采用叶片作为外植体诱导时,先置叶片于洗洁精水中浸泡 10 min,再用自来水反复冲洗 15 min,然后用 75% 酒精灭菌 30 s 后,无菌水冲洗 1 遍,再置于 0.1% $HgCl_2$ 溶液浸泡消毒 5～10 min,用无菌水浸洗 2 次,每次浸洗 5 min,用备用的无菌滤纸吸干外植体表面水分后,接种于 MS 培养基上培养。采用茎尖做外植体时,嫩枝剪去叶片,切取长 2～3 cm 带顶芽茎段,置入干净玻璃瓶中,注入适量洗涤剂和水清洗茎段表面,用自来水反复冲洗干净,然后在超净工作台上用 75% 酒精浸泡 10～15 s,无菌水冲洗 1～2 次,再浸泡到添加 1 或 2 滴吐温-20 的 0.1% $HgCl_2$ 溶液中灭菌 13～15 min,随后用无菌水冲洗 4～6 次,取出茎段,在切口上方切去一小段,接种于培养基中,pH 为 5.8～6.2。

二、初代诱导培养

初代诱导以茎尖为例。粗叶榕茎尖初代诱导培养基为 MS+1.0 mg/L 6-BA+0.3 mg/L NAA+0.6% 琼脂+3.0% 蔗糖,pH 为 5.9,7 d 左右切口处开始增大疏松,颜色逐渐变乳黄色,15 d 左右在培养基上长出翠绿色成簇生长的不定芽,20 d 时不定芽成簇生长,高约 1 cm,呈翠绿色。初代诱导培养温度 (26±2)℃,光照强度 1 500～2 200 lx,光照时间 12 h/d。

粗叶榕初代诱导

三、增殖培养

在超净工作台上,将经过初代培养诱导获得的粗叶榕丛生芽,分切成单芽或小丛生芽接种在 MS＋1.0 mg/L 6-BA＋0.3 mg/L NAA＋0.3 mg/L KT＋0.6％琼脂＋3％蔗糖，pH 为 5.9 的优化培养基上对粗叶榕不定芽进行增殖培养。每瓶 3 个单芽，30 d 后在此优化培养基上形成丛生芽的频率较高，芽苗质量较好，增殖倍数达 6.4。

四、壮苗生根

在超净工作台上，切取增殖培养获得的具有 3 片以上舒展叶片和高 2.5～3.5 cm 的丛生芽单芽，接种在基于 1/2 MS＋1.0 mg/L IBA＋0.3 mg/L NAA 的生根培养基进行培养，每瓶 5 个单芽，30 d 后，粗叶榕丛生芽的生根率达到 100％。IAA 可以促进粗叶榕不定芽的细胞分裂与细胞生长，主要影响和控制了五指毛桃的长势和质量；IBA 其对粗叶榕生根有显著的影响。

粗叶榕壮苗生根

五、炼苗移栽

粗叶榕组培苗根太细不易吸收水分，泥炭虽然保水保肥能力很好，但其在喷施定根水后，质地变得较紧密，透气性下降，会对根的生长不利，在泥炭中按 1∶1 混入珍珠岩可以弥补这个缺点。挑选生根培养后生长旺盛、根系发达的粗叶榕组培苗移入常温室内放置，在大棚内将已生根的组培苗开盖炼苗 2～3 d，让培苗根与空气完全接触，其间需向瓶内洒水保持水分充足。3 d 后将根部培养基洗净，移栽于事先消毒好的泥炭∶珍珠岩＝2∶1 的混合基质中，用塑料膜覆盖，每天喷洒水以保持湿度，10 d 后逐步打开塑料膜，30 d 后统计成活率达 90％以上。

粗叶榕组培苗移栽

雪 胆

雪胆基原植物为葫芦科 Cucurbitaceae 雪胆属 Hemsleya 植物雪胆 Hemsleya chinensis Cogn. ex F. B. Forbes & Hemsl.。别名蛇莲、苦金盆。多年生攀援草本,卵球形或扁卵球形茎;鸟足状复叶具 5~9 小叶;雌雄异株,雄花成二歧聚伞花序或圆锥花序状,花序长 5~12 cm;花萼裂片卵形,长 7 mm,反折;花冠灯笼状(松散球形),橙红色;花冠裂片长圆形,长 1~1.3 cm。雌花序长 2~4 cm;雌花径 1.5 cm。果长椭圆形,长 3~7 cm,径 2 cm。种子褐色,近圆形。生于海拔 1 200~3 200 m 杂木(针/阔叶)林下或灌木丛中,分布于中国(贵州、云南、四川、湖北、湖南等)、印度、越南、缅甸等地。

雪胆以干块茎入药,味苦,性寒。有小毒。归胃、大肠经。具有清热解毒、抗菌消炎、消肿止痛的功效,用于菌痢、炎症(肠炎、支气管炎、扁桃体炎)、肿痛(咽喉肿痛、目赤肿痛、牙肿痛)等症。

雪胆植株

一、外植体选择与消毒

雪胆组织培养选择带腋芽的茎段为外植体。在超净工作台内将其置于 0.1% $HgCl_2$ 溶液浸泡消毒 10 min,用无菌水浸洗 3 次,每次浸洗 3 min,再用无菌滤纸将实验材料表层的水分吸干,置于诱导培养基上进行培养。

二、初代诱导培养

初代诱导采用的培养基为 MS+2.0 mg/L 6-BA+0.2 mg/L NAA+5.0 g/L 琼脂+30.0 g/L 蔗糖,培养基 pH 为 5.8。培养 7 d 后节点开始出现淡绿色小芽点,培养 30 d 后芽叶同时长出，不定芽诱导率为100%。在平均光照强度2 000 lx下培养，光照时间12 h/d，温度(25±2)℃。

雪胆初代诱导

三、增殖培养

将初代诱导培养得到的雪胆不定芽切成单芽，接种到MS＋1.0 mg/L 6-BA＋0.1 mg/L NAA＋5.0 g/L琼脂＋30.0 g/L蔗糖培养基上进行增殖培养，每瓶接种4个芽，30 d后得到大量健壮丛生芽，增殖系数为15。培养条件同初代诱导培养条件。

雪胆增殖

雪胆壮苗生根

四、壮苗生根

雪胆生根培养基以MS＋1.0 mg/L IBA＋0.1 mg/L NAA最佳。每瓶5个丛生芽，培养10 d，丛生芽基部开始向下长出白色的不定根，30 d后不定根数量达5～8条，并伴有多条须根，根系生长旺盛，雪胆苗均生根，生根率达100%。培养条件同初代诱导培养条件。

五、炼苗移栽

移栽前炼苗 7 d,取出叶片浓绿、根系完整的雪胆组培苗,洗净根系残留的培养基,栽种于沙床中,保持一定湿度,移栽 30 d 成活率达 90% 以上,长势良好。

雪胆组培苗移栽

血 竭

血竭基原植物为天门冬科 Asparagaceae 龙血树属 *Dracaena* 植物剑叶龙血树 *Dracaena cochinchinensis* (Lour) S. C. Chen。别名越南龙血树、中果龙血树、木血竭等,为国家二级重点保护植物。树茎粗大,分枝多,树皮灰白色,光滑,老干皮部灰褐色,片状剥落;幼枝有环状叶痕;叶聚生于茎上;花为圆锥花序,花序轴密生乳突状短柔毛,花乳白色;

剑叶龙血树植株

血竭药材

花梗长,关节位于近顶端;花丝扁平,上部有红棕色疣点;花柱细长;果橘黄色,有种子。花期3月,果期7~8月。生于海拔950~1700 m的石灰岩上,是耐旱、嗜钙的树种,分布于越南、老挝及中国的广西南部、云南南部。

剑叶龙血树以植物叶、茎、枝渗出的树脂入药,味甘、咸,性温、平。具有活血散瘀、定痛止血、敛疮生肌的功效,用于跌扑损伤、外伤出血、瘀血肿痛、月经不调、闭经、痛经、臁疮久不收口等症。

一、外植体选择与消毒

剑叶龙血树组织培养常采用种子或芽作为外植体。以芽做外植体为例,先用洗洁精水溶液清洗芽表面污垢,再将其置于烧杯中进行流水冲洗5~8 min,然后移至超净工作台内,用75%酒精将芽浸泡30 s,无菌水冲洗1遍,再用0.1% $HgCl_2$ 浸泡12 min,无菌水清洗3次。用备用的无菌滤纸吸干外植体表面水分后,将芽剪切成0.8~1.2 cm大小的带芽茎段接种到培养基上,每瓶接种3个外植体。然后置于MS培养基上进行培养,在光照强度2 000 lx下培养,光照时间12 h/d,温度(25±2)℃。

剑叶龙血树种子发芽

剑叶龙血树初代诱导(愈伤组织及芽)

二、初代诱导培养

剑叶龙血树初代诱导采用的培养基为 MS＋1.5 mg/L 6-BA＋0.1 mg/L NAA＋1.0 mg/L 2,4-D＋3.4 g/L 琼脂＋30.0 g/L 蔗糖,培养基 pH 为 5.8。对剑叶龙血树不定芽及愈伤组织进行诱导与分化,培养 30 d 后,愈伤组织分化率为 85.71%,在光照强度 2 000 lx 下培养,光照时间 12 h/d,温度(25±2)℃。

三、增殖培养

当剑叶龙血树不定芽长至长 1 cm 时,连同一部分愈伤组织的芽块接种至分化培养基 MS＋3.0 mg/L 6-BA＋0.5 mg/L IAA＋2.0 mg/L KT＋3.4 g/L 琼脂＋30.0 g/L 蔗糖中,培养基 pH 为 5.8。经培养 15 d 后发现,愈伤组织不断分化出新芽点,并形成丛生芽丛,培养 30 d,丛生芽分化率达到 85.7%。培养条件与初代诱导培养条件相同。

剑叶龙血树增殖

剑叶龙血树壮苗生根

四、壮苗生根

将分化后长出的健壮无菌苗置于 MS＋1.0 mg/L IAA＋0.5 mg/L ABT＋3.4 g/L 琼脂＋30.0 g/L 蔗糖的生根培养基中,培养基 pH 为 5.8,培养 35 d 得到根系发达的剑叶龙血树生根组培苗,最高生根率为 98.2%。培养条件与初代诱导培养条件相同。

五、炼苗移栽

生根情况良好的剑叶龙血树组培苗可以移栽,在温度为 25 ℃ 的室内打开组培苗瓶盖,在瓶中加入少量自来水进行炼苗,炼苗 2~4 d,表面角质形成后将苗取出,洗净根部培养基,立即移栽到沙床中,在沙床中生长一个月后移栽至大田。

剑叶龙血树组培苗移栽

岩 黄 连

岩黄连基原植物为罂粟科 Papaveraceae 紫堇属 Corydalis 植物石生黄堇 Corydalis saxicola Bunting。别名岩连、黄连、菊花黄连、土黄连、鸡爪连等,为国家二级重点保护植物。多年生淡绿色易萎软草本,高 15～40 cm,具粗大主根和单头至多头的根茎,主根发达,具长叶柄和短叶柄,总状花序顶生或与叶对生,种子多数。生于海拔 600～1 690 m 的石灰岩缝隙中,在四川西南部海拔可升至 2 800～3 900 m,分布于四川、云南、贵州、广西、浙江、湖北、陕西等地。

石生黄堇植株

岩黄连以干燥全株入药,味苦,性凉。具有清热解毒、利湿、止痛止血的功效,用于肝炎、肝硬化、口舌糜烂、火眼、腹泻等症。为壮、瑶、苗等多民族药。

岩黄连药材

一、外植体选择与消毒

岩黄连组培时常采用种子和茎尖作为外植体。以茎尖作外植体为例。采用生长健壮、无病虫害岩黄连茎尖作为外植体展开诱导时,首先将岩黄连茎尖洗净,于超净工作台内用75%酒精消毒30 s,再选择无菌水涮洗一遍,将洗干净的茎尖置于0.1% $HgCl_2$溶液(加1或2滴表面活性物质吐温-20)浸泡消毒5～10 min,用无菌水浸洗2次,每次浸洗5 min,选用无菌滤纸将外植体表层的液体吸干,接种于诱导培养基上进行诱导培养。

二、初代诱导培养

初代诱导采用的培养基为MS+0.5 mg/L 6-BA+0.2 mg/L IAA+4.5 g/L 琼脂+25.0 g/L 蔗糖,培养基pH为5.8,将岩黄连茎尖接入诱导培养基培养,培养10 d后,开始有新的不定芽产生,培养30 d后,不定芽诱导率为89%,在平均光照强度2 000 lx下培养,光照时间12 h/d,温度(24±2)℃。

石生黄堇初代诱导

石生黄堇增殖

三、增殖培养

岩黄连不定芽适宜的增殖培养基为 MS＋0.6 mg/L 6-BA＋0.2 mg/L IBA＋0.2 mg/L IAA＋4.5 g/L 琼脂＋25.0 g/L 蔗糖，培养基 pH 为 5.8，不定芽在增殖培养基培养 10～15 d 有丛生芽产生，30 d 后每个不定芽可以分化出 5～12 个丛生芽。培养条件同初代诱导培养条件。

四、壮苗生根

以 1/2 MS 培养基为岩黄连壮苗生根的基本培养基，添加 0.5 mg/L IBA＋0.3 mg/L NAA＋0.5 g/L AC＋4.5 g/L 琼脂＋35.0 g/L 蔗糖，培养基 pH 为 5.8，每瓶 5～10 个单芽，30 d 后岩黄连组培苗生根率与生根数较好，生根率达到 100%，每株岩黄连组培苗平均根数在 5 根以上，且主根较发达。培养条件同初代诱导培养条件。

石生黄堇壮苗生根

五、炼苗移栽

挑选生长旺盛、根系发达的岩黄连组培苗移入常温室内，松开盖子 2 d 后掀开盖子让岩黄连幼苗与空气完全接触，其间需向瓶内的植株苗洒水保持瓶内的水湿度。3 d 后从瓶

石生黄堇组培苗移栽

内取出幼苗,洗净根部的培养基,移栽入装有消毒好的沙子:泥炭土=3:1的混合基质中,适度遮阴,并保持一定的湿度。移栽30 d,岩黄连组培苗成活率为75%以上。

硬叶兰

硬叶兰基原植物为兰科 Orchidaceae 兰属 *Cymbidium* 植物硬叶兰 *Cymbidium bicolor* subsp. *obtusum* Du Puy et Cribb。附生植物;其假鳞茎狭卵球形,稍压扁,包藏于叶基之内;叶厚革质,先端为不等的2圆裂或2尖裂;花葶从假鳞茎基部穿鞘而出;萼片与花瓣淡黄色至奶油黄色;蒴果近椭圆形。花期3~4月。生于海拔1 600 m林中或灌木林中的树上,分布于广东、海南、广西、贵州和云南西南部至南部。

硬叶兰的全草、果实均可入药,味甘、辛,性平。全草具有祛风除湿、活血散瘀、止咳平喘等功效,用于咳嗽、支气管炎、哮喘、风湿腰腿痛、跌打损伤、骨折等症。果实具有清热解毒、止血等功效,外用于胆腺炎、疮病、外伤出血、烧烫伤等症。

硬叶兰植株

硬叶兰药材

一、外植体选择与消毒

取硬叶兰健康植株的嫩芽作为外植体,首先剥去外层包叶,使用2%的洗洁精水溶液浸泡5 min后捞出,然后用自来水冲洗15~30 min,在超净工作台中置于0.1% $HgCl_2$ 溶液中浸泡消毒(加1或2滴表面活性物质吐温-20)8~10 min,捞出,用无菌水冲洗3~5次,用无菌滤纸吸去嫩芽表面水分,然后接种于诱导培养基上进行诱导培养。

二、初代诱导培养

硬叶兰的初代诱导培养基为MS+0.3 mg/L 6-BA+4.0 mg/L NAA+2.0 mg/L PVP+5.0 g/L 琼脂+30.0 g/L 蔗糖,培养基pH为5.8。取硬叶兰嫩芽中的茎尖分生组

织(0.2~0.3mm),将茎尖分生组织接入诱导培养基中进行初代培养,培养60d后,不定芽诱导率为90%,培养条件为平均光照强度1500lx,光照时间10h/d,温度23~27℃。

三、增殖培养

硬叶兰不定芽适宜的增殖培养基为1/3 MS+3.0 mg/L 6-BA+0.5 mg/L NAA+5.0 g/L 琼脂+30.0 g/L 蔗糖,培养基pH为5.8。不定芽在增殖培养基培养30d后可增殖20~30倍。培养条件为平均光照强度1500lx,光照时间10h/d,温度23~27℃。

硬叶兰丛生芽增殖

四、壮苗生根

选取增殖培养后生长发育良好且每株至少具有4片叶的丛生芽单芽进行生根培养,硬叶兰壮苗生根培养基为1/3 MS+3.0 mg/L 6-BA+4.5 g/L 琼脂+30.0 g/L 蔗糖,培养20d后硬叶兰的组培苗开始生根,30d后每株生根苗有3~5条根,根长为2~3cm,生根率可达95%。

硬叶兰壮苗生根

五、炼苗移栽

为提高组培苗成活率,需要将生长发育良好的硬叶兰组培苗移出无菌培养室,在自然光下炼苗 3 d 后打开瓶盖,然后常温下炼苗 2 d,最后将完整带根硬叶兰组培苗取出,洗净其根部附着的培养基,移栽到消毒后的泥炭土中,覆盖塑料膜以适度遮阴和保持土壤湿润,温度 23~25 ℃,5 d 后去掉塑料膜即可,其成活率可达 100%。

硬叶兰组培苗移栽

浙 贝 母

浙贝母基原植物为百合科 Liliaceae 贝母属 *Fritillaria* 植物浙贝母 *Fritillaria thunbergii* Miq.。别名浙贝、象贝、大贝、元宝贝、珠贝等,为国家二级重点保护植物。多年生草本,株高 50~80 cm;鳞茎由 2 或 3 枚鳞片组成,直径 1.5~3 cm;叶在最下面的对生

浙贝母植株

浙贝母药材

或散生,向上常兼有散生、对生和轮生的,近条形至披针形;花淡黄色,具苞片;蒴果。生于海拔较低的山丘阴蔽处或竹林下,分布于我国江苏、浙江和湖南,以及日本。

浙贝母以干燥鳞茎入药,味苦,性寒。归肺、心经。具有清热化痰止咳、解毒散结消痈的功效,用于风热咳嗽、痰火咳嗽、肺痈、乳痈、疮毒等症。

一、外植体选择与消毒

浙贝母组织培养可以采用鳞茎、幼叶、花梗、花蕾等作为外植体,以鳞茎为例。于超净工作台内,先将洗净的鳞茎用75%酒精浸泡30 s,再转至含有1或2滴吐温-20的0.1% $HgCl_2$ 溶液中浸泡15 min,浸泡结束后用无菌水浸洗2次,取出鳞茎,用无菌滤纸吸干其表面水分,置于诱导培养基上进行培养。

二、初代诱导培养

浙贝母诱导培养所采用的培养基为MS+1.0 mg/L TDZ+0.5 mg/L 2,4-D+5.0 g/L 琼脂+30.0 g/L 蔗糖,培养基pH为5.8。平均光照强度2 000 lx,光照时间12 h/d,温度(24±2)℃。每瓶接种1个鳞茎,培养15 d,开始出现淡黄色突起芽点;30 d后,逐渐长成淡绿色不定芽,不定芽诱导率为90%。

浙贝母初代诱导

浙贝母丛生芽增殖

三、增殖培养

切取初代培养的浙贝母不定芽,转接至浙贝母增殖培养基 MS+1.0 mg/L TDZ+0.2 mg/L NAA+5.0 g/L 琼脂+30.0 g/L 蔗糖,培养基 pH 为 5.8。每瓶接种 4 个单芽,培养 20 d 后,开始出现淡绿色的丛生芽团,继续培养 30 d 后,白色鳞茎上芽和叶分别长大变绿,单个不定芽的平均增殖倍数为 15 个。

四、壮苗生根

浙贝母生根培养基为 MS+0.5 mg/L IAA+0.5 mg/L NAA+5.0 g/L 琼脂+30.0 g/L 蔗糖,培养基 pH 为 5.8。分离株高 3 cm 以上的丛生芽,转接至生根培养基,每瓶接种 4 个单芽,生根培养约 20 d 后,每株芽的基部长出 3~5 条新鲜根系,生根率 80% 以上。

浙贝母壮苗生根

五、炼苗移栽

选择健壮的浙贝母完整生根苗,打开组培瓶盖,加入适量自来水于培养基表面,于室温炼苗 7 d。再轻轻取出组培苗,洗净根部培养基,移栽到微酸性的沙壤中,适度遮阴,保持湿润,培养 30 d 左右,移植组培苗的成活率为 100%。

浙贝母组培苗移栽

栀 子

栀子基原植物为茜草科 Rubiaceae 栀子属 *Gardenia* 多年生木本植物栀子 *Gardenia jasminoides* J. Ellis。别名野栀子、黄栀子、栀子花、小叶栀子、山栀子等。灌木,高 0.3~3 m;嫩枝常被短毛,枝圆柱形;叶对生,革质,叶形通常为长圆状披针形、倒卵状长圆形、倒卵形或椭圆形;花芳香,通常单朵生于枝顶,花冠白色或乳黄色,高脚碟状;果卵形、近球形、椭圆形或长圆形,黄色或橙红色,种子多数,扁,近圆形而稍有棱角。花期 3~7 月,果期 5 月至翌年 2 月。生于海拔 10~1 500 m 处的旷野、丘陵、山谷、山坡、溪边的灌丛或林中,分布于江苏、浙江、福建、江西、山东、湖北、湖南、广东、广西、海南、四川、贵州和云南等地,河北、陕西和甘肃有栽培。

栀子以干燥成熟果实入药,味苦,性寒。具有泻火除烦、清热利湿、凉血解毒的功效,用于热病心烦、湿热黄疸、淋证涩痛、血热吐血、目赤肿痛、火毒疮疡、扭挫伤痛等症,外用可消肿止痛。

栀子植株

栀子药材

一、外植体选择与消毒

选择生长健壮、无病虫害的嫩茎作为外植体。首先用洗洁精溶液清洗嫩茎表面,流水冲洗 30 min,将洗好的嫩茎剪成 2~3 cm 长的带腋芽茎段。在超净工作台上,先用 75% 酒精浸泡 30 s,无菌水冲洗 2 次,再用 0.1% $HgCl_2$ 溶液浸泡消毒 8 min,其间轻轻摇晃数次,无菌水冲洗 3~5 次,放置于灭菌培养皿中,用无菌滤纸将表面水分吸干,接种于初代诱导培养基。

二、初代诱导培养

栀子初代诱导培养基为 MS＋2.0 mg/L 6-BA＋1.0 mg/L IBA＋4.5 g/L 琼脂＋30.0 g/L 蔗糖,培养基 pH 为 5.8。每瓶接种 1 或 2 个茎段,培养 10 d 后不定芽产生,30~

40 d不定芽诱导率为82.3%。在平均光照强度2 000 lx下培养,光照时间12 h/d,温度(24±2)℃。

栀子初代诱导

栀子丛生芽增殖

三、增殖培养

将生长良好的不定芽切成1～1.5 cm长的茎段,转接至增殖培养基MS+1.5 mg/L 6-BA+0.5 mg/L IBA+4.5 g/L琼脂+30.0 g/L蔗糖,培养基pH为5.8。每瓶接种3个单芽,10 d后不定芽开始从茎段基部或叶腋处形成丛生芽,培养30 d后长出丛生芽4～6个,芽健壮,长势旺,叶翠绿。培养条件与初代诱导培养条件相同。

四、壮苗生根

栀子的生根培养基为1/2 MS+0.2 mg/L IBA+4.5 g/L琼脂+30.0 g/L蔗糖,培养基pH为5.8。当丛生芽增殖培养至3～4 cm时,选择生长健壮的丛生芽切成单芽,每瓶接种2个单芽。20 d后开始长出白色不定根,30 d后根长3～5 cm,生根率达98.2%。培养条件与初代诱导培养条件相同。

栀子壮苗生根

五、炼苗移栽

选择生长旺盛且根长 3 cm 以上的栀子生根苗,移入常温室内,打开组培瓶盖子,并注入少量水淹没培养基,室内自然光下炼苗 7 d 后,取出生根苗并将根部培养基洗净,移栽到营养土中,移栽后浇透水,适度遮阴保湿,30 d 后栀子组培苗移栽成活率达 95.8%。

栀子组培苗移栽

参考文献

[1] 黄璐琦,张本刚,覃海宁.中国药用植物红皮书[M].北京:北京科学技术出版社,2022.
[2] 傅立国.中国植物红皮书[M].北京:科学出版社,1991.
[3] 国家药典委员会.中华人民共和国药典[M].一部.北京:中国医药科技出版社,2020.
[4] 中国科学院中国植物志编辑委员会.中国植物志[M].第71(1)卷.北京:科学出版社,1999.
[5] 宋立人,洪恂,丁绪亮,等.现代中药学大辞典[M].卷1.北京:人民卫生出版社,2001.
[6] 云南省药物研究所.云南天然药物图鉴[M].第1卷.昆明:云南科技出版社,2003.
[7] 广东省食品药品监督管理局.广东省中药材标准[S].第一册.广州:广东科技出版社,2004.
[8] 国家中医药管理局《中华本草》编委会.中华本草[M].上海:上海科学技术出版社,1999.
[9] 《全国中草药汇编》编写组.全国中草药汇编[M].下册.北京:人民卫生出版社,1996.
[10] 马骥,唐旭东.岭南药用植物图志[M].下册.广州:广东科技出版社,2018.
[11] 王国强.全国中草药汇编[M].北京:人民卫生出版社,2014.
[12] 南京中医药大学.中药大辞典[M].2版.上海:上海科学技术出版社,2006.
[13] 庞声航.实用瑶药学[M].南宁:广西科学技术出版社,2008.
[14] 汪松,解焱.中国物种红色名录[M].第1卷.北京:高等教育出版社,2004.
[15] 中国科学院植物研究所.中国高等植物图鉴[M].北京:科学出版社,2002.
[16] 方志先,赵晖,赵敬华.土家族药物志[M].下册.北京:中国医药科技出版社,2006.
[17] 钱子刚.药用植物组织培养[M].北京:中国中医药出版社,2007.
[18] 焦顺然,吕秀立,杨风岭.植物组培快繁彩图详解[M].北京:中国林业出版社,2020.
[19] 冉懋雄.中药组织培养实用技术[M].北京:科学技术文献出版社,2004.

附　　录

附录一　常用培养基配方

附表 1-1　LS 培养基（用于多种植物的各类植物组织培养）*

成分	含量(mg/L)	成分	含量(mg/L)	成分	含量(mg/L)
NH_4NO_3	1 650	$MnSO_4 \cdot 4H_2O$	22.3	$CoCl_2 \cdot 6H_2O$	0.025
KNO_3	1 990	$ZnSO_4 \cdot 7H_2O$	8.6	肌醇	100
KH_2PO_4	170	H_3BO_3	6.2	盐酸硫胺素	0.4
$CaCl_2 \cdot 2H_2O$	440	KI	0.83	蔗糖	30 000
$MgSO_4 \cdot 7H_2O$	370	$Na_2MoO_4 \cdot 2H_2O$	0.25	琼脂	8 000
$FeSO_4 \cdot 7H_2O$	27.8	$CuSO_4 \cdot 5H_2O$	0.025	pH	5.8
Na_2EDTA	37.3				

附表 1-2　B5 培养基（用于多种植物的各类组织培养）

成分	含量(mg/L)	成分	含量(mg/L)	成分	含量(mg/L)
KNO_3	3 000	$ZnSO_4 \cdot 7H_2O$	2	盐酸硫胺素	10
$(NH_4)_2SO_4$	134	H_3BO_3	3	盐酸吡哆素	1
NaH_2PO_4	150	KI	0.75	烟酸	1
$CaCl_2 \cdot 2H_2O$	150	$Na_2MoO_4 \cdot 2H_2O$	0.25	蔗糖	20 000
$MgSO_4 \cdot 7H_2O$	500	$CuSO_4 \cdot 5H_2O$	0.025	琼脂	10 000
$FeNa_2EDTA$	28	$CoCl_2 \cdot 6H_2O$	0.025	pH	5.5
$MnSO_4 \cdot 4H_2O$	10	肌醇	100		

附表1-3　N6培养基(用于禾本科植物花药、原生质体培养和诱导细胞胚胎发生)

成分	含量(mg/L)	成分	含量(mg/L)	成分	含量(mg/L)
KNO_3	2 830	Na_2EDTA	37.3	盐酸硫胺素	1.0
NH_4NO_3	463	$MnSO_4 \cdot 4H_2O$	4.4	盐酸吡哆素	0.5
KH_2PO_4	400	$ZnSO_4 \cdot 7H_2O$	1.5	烟酸	0.5
$CaCl_2 \cdot 2H_2O$	166	H_3BO_3	1.6	蔗糖	30 000
$MgSO_4 \cdot 7H_2O$	185	KI	0.8	琼脂	8 000
$FeSO_4 \cdot 7H_2O$	27.8	甘氨酸	2.0	pH	5.8

注：诱导体细胞胚胎发生时在基本培养基中添加脯氨酸690 mg/L。

附录二　常用微量单位及换算

附表2-1　常用微量单位及换算

英文全称	符号	中文名称	换算
litre	L	升	
millilitre	ml	毫升	10^{-3} L
microlitre	μl	微升	10^{-6} L
kilogram	kg	千克	10^3 g
gram	g	克	
milligram	mg	毫克	10^{-3} g
microgram	μg	微克	10^{-6} g
nanogram	ng	纳克	10^{-9} g
picogram	pg	皮克	10^{-12} g
mole	mol	摩尔	
millimole	mmol	毫摩尔	10^{-3} mol
micromole	μmol	微摩尔	10^{-6} mol
nanomole	nmol	纳摩尔	10^{-9} mol
picomole	pmol	皮摩尔	10^{-12} mol
dalton	Da	道尔顿	
kilodalton	kDa	千道尔顿	10^3 道尔顿
basepair	bp	碱基对	
kilopair	kb	千碱基对	10^3 碱基对
megabase	Mb	百万碱基对	10^6 碱基对

附录三 常用缩略词

附表 3-1 常用缩略词表

缩写	英文名	中文名
2,4-D	2,4-dichlorophenoxyacetic acid	2,4-二氯苯氧乙酸
2ip	(2-isopentenyl) adenine	2-异戊烯基腺嘌呤
A	adenine	腺嘌呤
ABA	abscisic acid	脱落酸
AC	acitivated charcoal	活性炭
ADP	adenosine diphosphate	腺苷二磷酸
AMP	adenosine	磷酸腺苷,腺苷酸
ATP	adenosine tirphosphate	腺苷三磷酸
BA(BAP),6-BA	6-benzylaminopurine	6-苄基氨基嘌呤,6-苄基腺嘌呤
BTDA	2-benzothiazoleacetic acid	2-苯丙噻唑乙酸
C	cytosine	胞嘧啶
CH	casein hydrolysate	酪蛋白水解物
CM	coconut milk	椰乳
CPA	(4-chorophenoxy) acetic acid	对氯苯氧乙酸
CW	coconut water	椰子水
EDTA	ethylene diamine tetra acetic acid	乙二胺四乙酸
G	guanine	鸟嘌呤
GA,GA_3	gibberellic acid(3)	赤霉素
IA	iodoacetic acid	碘乙酸
IAA	indole-3-acetic acid	吲哚乙酸
IBA	indole butyric acid	吲哚丁酸
IOA	iodoacetamide	碘乙酰胺
IPA	indole propionic acid	吲哚丙酸
K、KT	kinetin	激动素
LH	lactalbumin hydrolysate	乳蛋白水解物
MCPA	2-methyl-4-chlorophenoxyacetic acid	2-甲基-4氯苯氧乙酸
MYO-	myo-inositol	肌-肌醇,肌醇

(续表)

缩写	英文名	中文名
NAA	naphthalene acetic acid	萘乙酸
NBA	naphthalene acetic buyric acid	萘丁酸
PEG	polyethylene glycol	聚乙二醇
T	thymine	胸腺嘧啶
TIBA	2,3,5-triiodbenzoic acid	三碘苯甲酸
U	uracil	尿嘧啶
VB_6	vitamin B_6	盐酸吡哆素
VB_1	vitamin B_1	盐酸硫胺素
VC	vitamin C	抗坏血酸
Vpp	vitamin pp	烟酸
VBc	Vitamin Bc	叶酸
WPM	wood plant medium	木本植物培养基
Z、ZT	zeatin	玉米素